全国高职高专医药院校工学结合"十二五"规划教材

供护理、助产等专业使用

丛书顾问　文历阳　沈彬

生理学实验教程（第2版）

Shenglixue shiyanjiaocheng

主　编　李伟红　焦金菊　倪月秋

副主编　潘　丽　李玉芳　杨洪喜

编　委　（以姓氏笔画为序）

庄晓燕　辽宁医学院

李玉芳　沈阳医学院

李伟红　辽宁医学院

杨洪喜　邢台医学高等专科学校

宝东艳　辽宁医学院

倪月秋　沈阳医学院

焦金菊　辽宁医学院

潘　丽　广州医科大学卫生职业技术学院

薛　红　邢台医学高等专科学校

U0303381

华中科技大学出版社

http://press.hust.edu.cn

中国·武汉

内 容 简 介

本书是全国高职高专医药院校工学结合"十二五"规划教材。

本书共分9个单元。第一单元为生理学实验的基本知识与基本技能训练,包括4个项目。第二单元为神经和肌肉实验,包括7个项目。第三单元为血液实验,包括3个项目。第四单元为血液循环系统实验,包括7个项目。第五单元为呼吸系统实验,包括3个项目。第六单元为消化系统实验,包括2个项目。第七单元为尿的生成和排出实验,包括1个项目。第八单元为感觉器官实验,包括5个项目。第九单元为神经系统实验,包括4个项目。

本书内容丰富,实用性强。主要适合高职高专医药院校临床医学、护理学及医学相关专业学生使用,也可供本科医学院校药学、医学影像学、预防医学、公共卫生管理专业等学生使用,还可供医学相关人员参考使用。

图书在版编目(CIP)数据

生理学实验教程/李伟红,焦金菊,倪月秋,主编.—2 版.—武汉:华中科技大学出版社,2013.11(2022.12重印)

ISBN 978-7-5609-9483-3

Ⅰ.①生… Ⅱ.①李… ②焦… ③倪… Ⅲ.①生理学-实验-高等职业教育-教材 Ⅳ.①Q4-33

中国版本图书馆 CIP 数据核字(2013)第 261422 号

生理学实验教程(第2版)　　　　　　　　　　李伟红　焦金菊　倪月秋　主编

策划编辑:车　巍
责任编辑:周　琳
封面设计:陈　静
责任校对:封力煊
责任监印:周治超
出版发行:华中科技大学出版社(中国·武汉)　　电话:(027)81321913
　　　　　武汉市东湖新技术开发区华工科技园　　邮编:430223
录　　排:华中科技大学惠友文印中心
印　　刷:武汉邮科印务有限公司
开　　本:787mm×1092mm　1/16
印　　张:8
字　　数:138 千字
版　　次:2010 年 6 月第 1 版　2022 年 12 月第 2 版第 5 次印刷
定　　价:28.00 元

全国高职高专医药院校工学结合
"十二五"规划教材编委会

总序

Zongxu

世界职业教育发展的经验和我国职业教育发展的历程都表明,职业教育是提高国家核心竞争力的要素之一。近年来,我国高等职业教育发展迅猛,成为我国高等教育的重要组成部分。与此同时,作为高等职业教育重要组成部分的高等卫生职业教育的发展也取得了巨大成就,为国家输送了大批高素质技能型、应用型医疗卫生人才。截至 2008 年,我国高等职业院校已达 1 184 所,年招生规模超过 310 万人,在校生达 900 多万人,其中,设有医学及相关专业的院校近 300 所,年招生量突破 30 万人,在校生突破 150 万人。

教育部《关于全面提高高等职业教育教学质量的若干意见》明确指出,高等职业教育必须"以服务为宗旨,以就业为导向,走产学结合的发展道路","把工学结合作为高等职业教育人才培养模式改革的重要切入点,带动专业调整与建设,引导课程设置、教学内容和教学方法改革"。这是新时期我国职业教育发展具有战略意义的指导意见。高等卫生职业教育既具有职业教育的普遍特性,又具有医学教育的特殊性,许多卫生职业院校在大力推进示范性职业院校建设、精品课程建设,发展和完善"校企合作"的办学模式、"工学结合"的人才培养模式,以及"基于工作过程"的课程模式等方面有所创新和突破。高等卫生职业教育发展的形势使得目前使用的教材与新形势下的教学要求不相适应的矛盾日益突出,加强高职高专医学教材建设成为各院校的迫切要求,新一轮教材建设迫在眉睫。

为了顺应高等卫生职业教育教学改革的新形势和新要求,在认真、细致调研的基础上,在教育部高职高专医学类及相关医学类专业教学指导委员会专家和部分高职高专示范院校领导的指导下,我们组织了全国 50 所高职高专医药院校的近 500 位老师编写了这套以工作过程为导向的全国高职高专医药院校工学结合"十二五"规划教材。本套教材由 4 个国家级精品课程教学团队及 20 个省级精品课程教学团队引领,有副教授(副主任医师)及以上职称的老师占 65%,教龄在 20 年以上的老师占 60%。教材编写过程中,全体主编和参编人员进行了认真的研讨和细致的分工,在教材编写体例和内容上均有所创新,各主编单位高度重视并有力配合教材编写工作,编辑和主审专家严谨和忘我地工作,确保了本套教材的编写质量。

本套教材充分体现新教学计划的特色,强调以就业为导向、以能力为本位、贴近学生的原则,体现教材的"三基"(基本知识、基本理论、基本实践技能)及"五性"(思想性、科学性、先进性、启发性和适用性)要求,着重突出以下编写特点:

(1) 紧扣新教学计划和教学大纲,科学、规范,具有鲜明的高职高专特色;

(2) 突出体现"工学结合"的人才培养模式和"基于工作过程"的课程模式;

(3) 适合高职高专医药院校教学实际,突出针对性、适用性和实用性;

(4) 以"必需、够用"为原则,简化基础理论,侧重临床实践与应用;

(5) 紧扣精品课程建设目标,体现教学改革方向;

(6) 紧密围绕后续课程、执业资格标准和工作岗位需求;

(7) 整体优化教材内容体系,使基础课程体系和实训课程体系都成系统;

(8) 探索案例式教学方法,倡导主动学习。

这套规划教材得到了各院校的大力支持与高度关注,它将为高等卫生职业教育的课程体系改革作出应有的贡献。我们衷心希望这套教材能在相关课程的教学中发挥积极作用,并得到读者的青睐。我们也相信这套教材在使用过程中,通过教学实践的检验和实际问题的解决,能不断得到改进、完善和提高。

全国高职高专医药院校工学结合"十二五"规划教材
编写委员会

前言

Qianyan

　　本书依据高职高专专业培养目标的要求,以培养职业能力和素质为重点,以适用和够用为度。在实验内容的选择上,贯彻"工学结合""任务驱动""项目导向"的要求,体现形象思维为主、逻辑思维为辅的原则。既要充分体现生理学实验的基本知识和基本技能,又要体现出本学科的前沿知识和最新的实验技术,适当删减一些验证性的实验,增加人体的基本实验和动物的综合实验。

　　在保持生理学实验的系统性和完整性的基础上注重实验内容和实验方法的适用性及可操作性。实验内容在理论教学的重点章节选取,紧密联系实际,结合岗位需要。坚持以学生为主体、训练为主线的原则,培养学生的动手能力、分析问题和解决问题的能力以及团队的协调能力,为后续课程的学习打下良好的基础。

　　在编写过程中,编者们查阅了大量的相关资料,进行了仔细的撰写和审校,但由于编者水平有限,本书难免有不足之处,恳请读者提出宝贵的意见,以便再版时进一步完善和提高。

编　者

目录

Mulu

第一单元　基本知识与基本技能训练　　　/1

项目一　生理学实验概述　　　/1

项目二　实验动物的基本知识　　　/4

项目三　生理学实验常用仪器　　　/10

项目四　生理学实验常用手术器械和生理溶液　　　/18

第二单元　神经和肌肉实验　　　/22

项目五　坐骨神经-腓肠肌标本的制备　　　/22

项目六　刺激强度对肌肉收缩的影响　　　/26

项目七　刺激频率对肌肉收缩的影响　　　/29

项目八　坐骨神经干动作电位的描记　　　/31

项目九　坐骨神经干兴奋传导速度的测定　　　/33

项目十　坐骨神经干绝对不应期的测定　　　/35

项目十一　坐骨神经干动作电位与腓肠肌收缩的关系　　　/36

第三单元　血液实验　　　/40

项目十二　出血时间与凝血时间的测定　　　/40

项目十三　血液凝固及其影响因素　　　/43

项目十四　ABO血型鉴定与交叉配血　　　/47

第四单元　血液循环系统实验　　　/52

项目十五　蟾蜍心脏起搏点的观察　　　/52

项目十六　期前收缩与代偿间歇的观察　　　/54

项目十七　蛙心灌流　　　/56

项目十八　人体动脉血压的测定　　　/60

项目十九　人体心电图描记　　　/62

项目二十　心音听诊　　　/64

项目二十一　心血管活动的神经体液调节　　　/66

第五单元　呼吸系统实验 /72

项目二十二　胸膜腔内压的测定 /72

项目二十三　肺活量的测定 /75

项目二十四　呼吸运动的调节 /78

第六单元　消化系统实验 /83

项目二十五　胃肠运动的神经体液调节 /83

项目二十六　模拟实验——离体小肠平滑肌运动观察 /86

第七单元　尿的生成和排出实验 /89

项目二十七　尿生成的影响因素 /89

第八单元　感觉器官实验 /93

项目二十八　视力的测定 /93

项目二十九　视野测定 /95

项目三十　盲点测定 /96

项目三十一　声音的传导途径 /98

项目三十二　动物一侧迷路破坏的效应 /99

第九单元　神经系统实验 /101

项目三十三　反射弧的分析 /101

项目三十四　反射中枢活动特征的观察 /103

项目三十五　大脑皮质运动区的定位及去大脑僵直 /105

项目三十六　去小脑动物的观察 /110

附录 /113

参考文献 /114

第一单元
基本知识与基本技能训练

项目一　生理学实验概述

【实验目的】

生理学是一门研究机体正常生命活动规律的科学,是一门实践性很强的学科。学习生理学实验的目的是通过一些有代表性的实验,使学生初步掌握生理学实验的基本技能和基本操作技术。在实验过程中,提高学生的动手能力,培养学生对科学研究的严肃的态度、严格的要求、严密的方法以及实事求是的工作作风。通过对本课程的学习和训练,还能培养学生独立思考、独立解决问题、团结协作和创新的能力,为后续课程的学习打下良好基础。

【实验要求】

1. 实验前

实验前必须预习实验教材中将要进行的实验内容和与实验内容相关的理论知识,掌握实验目的和原理,了解实验步骤,尽可能预测实验各个步骤的结果。

2. 实验中

(1) 每个实验小组成员要合理分工并相互配合。首先要清点所用器材和药品,检查并正确调试仪器。

(2) 严格按实验步骤进行操作,仔细耐心地观察实验中出现的现象,随时记录实验结果,及时做好标记,以免发生错误或遗漏。有时还需要绘制图形或曲线进行分析。

(3)结合所学的理论知识对实验结果进行分析。如出现非预期结果,应仔细分析其原因。

3. 实验后

(1)认真整理实验所用器械,擦洗干净,按实验前的布置摆放整齐。如有损坏或缺少应立即报告指导教师。临时借用的器械或物品,实验完毕,清点后交负责教师。

(2)整理实验记录,对实验结果进行分析讨论。认真撰写实验报告,做到文字精练、通顺,书写清楚,客观地填写和叙述实验结果与分析,按时交给实验指导教师评阅。

(3)清理实验室,并将动物尸体、纸片及废物放于指定处。

【实验结果处理】

学生在实验过程中,通过科学方法将所观察、检测及计算出的实验结果进行整理、统计和分析,转变为可定性、定量的数据和图表,以便研究各种实验结果变化的规律,得出正确的结论。实验结果的表示方法主要有以下三种。

1. 文字表示法

将所看到的实验结果用文字叙述,如坐骨神经-腓肠肌标本的制备,刺激坐骨神经时可看到腓肠肌收缩。结果用文字叙述为刺激坐骨神经可引起腓肠肌收缩,说明标本兴奋性良好。

2. 表格表示法

实验结果以测定数据记录或以图形记录,均可以用表格形式表示。例如,人体动脉血压和心率的测定、尿生成的影响因素中尿量的变化、呼吸运动的调节及心血管活动的神经体液调节等。

3. 波形表示法

实验结果通过波形描计,可标记、剪贴、保存并打印,将打印曲线粘贴在实验报告册上。例如,刺激强度与收缩幅度之间的关系曲线、呼吸运动曲线、心肌收缩曲线、血压曲线等。

有些实验结果的数据,应按统计学方法进行处理后,才能对实验结果得出正确的结论。

【实验报告书写】

书写实验报告是生理学实验的一项基本训练。通过书写实验报告,可以熟悉撰写科研论文的基本格式,学会绘制图表的基本方法,可以应用学过的相关理论知识或查阅相关文献,对实验结果进行分析和解释,得出实验结论。从而培养学生独立思考、分析和解决问题的能力,为将来撰写科研论文打下良好的基础。因此学生应以科学严谨的态度,认真独立地完成实验报告的书写,不应盲目抄袭他人的实验报告。

书写实验报告应按规定使用统一的实验报告用纸和选择规范的撰写格式。按时送交指导教师评阅,作为平时成绩的依据。

1. 报告的格式

生理学实验报告

姓名: 年级: 班级: 专业: 组别: 日期: 指导教师:

实验序号与题目:

【实验目的】

【实验对象】

【实验器材和药品】

【实验步骤】

【实验结果】

【实验讨论】

【实验结论】

2. 报告的书写要求

(1)内容真实、准确,语句简练,字迹清楚、工整。

(2)实验步骤:一般不必详细描述,如实验仪器与方法有临时变动,或因操作技术影响观察的可靠性时,可作简要说明。

(3)实验结果:实验中最重要的部分,应将实验中所观察到的现象真实、完整地以图形、表格、曲线或文字表示出来,加上必要的文字叙述。

(4)实验讨论:根据结果和现象用已知的理论和知识进行解释和推理分析。如果出现非预期的结果,应该考虑和分析其可能的原因。

(5)实验结论:从实验结果中归纳出的一般的概括性的判断,也就是这一实验所能得出的结论。实验结论不是实验结果的简单重复,未能得到充分证明的理论不能写入结论当中。

（李伟红）

项目二　实验动物的基本知识

【动物选择】

一、原则

由于动物的种属、品系、年龄、性别以及健康状态的差异，往往造成对药物反应性的不同。因此，不同类型和内容的实验应选择适宜种属的动物。健康状况不好的动物，不能做实验用。选用动物一般遵循近似性、差异性、可获得性、重复性和均一性等原则。

二、常用实验动物

目前，用于医学研究的实验动物有30多种，其中最常用的动物有蟾蜍、家兔、小白鼠、大白鼠、豚鼠和狗等。为了更好地选择动物，我们必须了解常用实验动物的特点。

1. 蟾蜍

蟾蜍属两栖纲无尾目类动物。容易饲养和获得。心脏离体后能较持久地、有节律地搏动，常用于观察药物对心脏的作用；因蟾蜍与恒温动物的一些生命活动相似，且离体组织器官生活条件简单，因此用蟾蜍坐骨神经-腓肠肌标本可观察周围神经和肌肉的功能等。

2. 家兔

家兔属哺乳纲兔科、草食类动物。性情温顺，易饲养，常用于呼吸运动的调节、胃肠运动的神经及体液调节、心血管活动的神经及体液调节、尿生成的调节等的研究。也用于研究大脑皮层运动区功能定位和去大脑僵直等。

3. 小白鼠

小白鼠属哺乳纲鼠科类动物。体型小、温顺易抓、繁殖力强、周期短。成年小白鼠一般为 20～30 g,是实验室最常用的一种动物,适用于小脑功能的研究等实验。

4. 大白鼠

大白鼠属哺乳纲鼠科类动物,性情凶猛、繁殖快,成年大白鼠一般为 180～250 g。应用广泛。常用于心血管功能的研究等。

5. 豚鼠

豚鼠属哺乳纲豚鼠科类动物,又称天竺鼠、荷兰猪、海猪。性情温顺,听觉发达,成年豚鼠一般为 450～700 g。常用于耳蜗微音器电位和听力的研究,还可用于离体心脏、心房及平滑肌的实验。

6. 狗

狗属哺乳纲食肉目犬科动物。对熟人温顺,常攻击陌生人,视、嗅、听觉非常灵敏。内脏结构与人相似,常用于观察药物对冠状动脉血流量的影响、心肌细胞电生理研究、降压药的研究等。还可通过训练狗,将其用于慢性实验研究,如条件反射、消化液分泌等。

【动物基本操作技术】

一、编号

实验时,为了分组的方便,常常在实验前对动物进行编号,主要的方法如下。

1. 挂牌法

用特制的号码牌固定于动物的耳朵上做标记,一般用于家兔、豚鼠、狗等体积较大的动物。

2. 染色法

这是实验中最常用、最易掌握的方法。可用有色化学试剂涂于动物毛上不同部位进行标记,如黄色苦味酸溶液等。此法常用于小白鼠、大白鼠和白色家兔等动物。

3. 耳孔法

耳孔法是用特制的打孔器在耳朵上打孔的方法,以孔的位置和数量来标记。一般用于小白鼠。

二、捉拿与固定

1. 蟾蜍

用左手握持动物,以食指和中指夹住双侧前肢。捣毁脑和脊髓时,左手食指压住其头部前端,拇指压住背部使头前俯,右手持探针经枕骨大孔刺入颅腔,左右摆动探针捣毁脑组织。然后退回探针向后刺入椎管内破坏脊髓。固定方法根据实验要求而定。

2. 家兔

一手抓其颈背部皮肤,轻轻将兔提起,另一手托住其臀部。

3. 豚鼠

以拇指和中指从豚鼠背部绕到腋下抓住豚鼠,另一只手托住其臀部。体重轻者可用一只手捉拿,体重重者捉拿时宜用双手。

4. 小白鼠

捉拿法有两种:一种是用右手提起尾部,放在鼠笼盖或其他粗糙面上,向后上方轻拉,此时小白鼠前肢紧紧抓住粗糙面,迅速用左手拇指和食指捏住小白鼠颈背部皮肤,并用小指和手掌夹持其尾根部固定于手中(图 1-2-1);另一种方法是直接用左手小指钩住鼠尾,迅速用拇指、食指和中指捏住其颈背部皮肤。前一方法简单易学,后一方法难度较大,但捉拿快速。

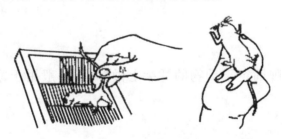

图 1-2-1 小白鼠捉拿及固定方法

5. 大白鼠

捉拿及固定方法基本同小白鼠。捉拿时,右手抓住鼠尾,将大白鼠放在粗糙面上。左手戴上防护手套或用厚布盖住大白鼠,抓住整个身体并固定其头部以防咬伤。捉拿时勿用力过猛,勿捏其颈部,以免引起窒息。大白鼠在惊恐或激怒时易将实验操作者咬伤,在捉拿时应注意。

三、麻醉

常用实验动物的麻醉药物和麻醉方法如下。

1. 氨基甲酸乙酯

氨基甲酸乙酯又称乌拉坦,是动物实验常用的麻醉药,对家兔的麻醉作用较强。麻醉时间为2～4 h。使用时常配成20％～25％的溶液。家兔的使用剂量为0.7～1 g/kg,可静脉注射和腹腔注射。

2. 乙醚

一种吸入性麻醉药,其用法一般为开放式吸入。常用于小动物(小白鼠)的麻醉。将乙醚蘸在棉球上放入玻璃罩内,利用乙醚的挥发性质,经肺吸入,麻醉作用出现快,除去乙醚后麻醉作用很快消除。乙醚麻醉初期常有兴奋现象,且因对呼吸道有强烈的刺激性,可使呼吸道分泌物增加,导致呼吸道阻塞,故使用时应注意观察。

3. 戊巴比妥钠

麻醉作用稳定,麻醉时间为2～4 h,一般实验均可使用。常用其3％溶液。家兔的使用剂量为30～40 mg/kg,静脉注射或腹腔注射。

4. 氯仿

一种吸入性麻醉药,麻醉作用比乙醚大。常与乙醚混合使用。

四、处死

常用的处死动物的方法如下。

1. 空气栓塞法

用注射器将空气快速注入静脉,可使动物发生空气栓塞而死。家兔一般注入20～40 mL空气即可致死。

2. 心脏抽血处死法

用粗针头一次抽取大量心脏血液可致动物死亡。此法常用于豚鼠、猴等。

3. 脊椎脱臼法

本法适用于小白鼠,一只手抓住鼠尾用力向后拉,同时用另一只手拇指和食指或用镊子用力向下按住鼠头,将脊髓与脑髓拉断,鼠立即死亡。

4. 大量放血法

大白鼠可采取摘除眼球,由眼眶动脉放血致死或断头、切开股动脉等方法,使其大量失血而死亡。家兔亦可在麻醉情况下,由颈动脉快速放血致死。

5. 其他方法

蛙或蟾蜍类可断头,也可用探针经枕骨大孔破坏脑和脊髓处死。另外,还可用电击法、注射麻醉剂法或吸入麻醉剂法等。

五、取血

1. 家兔取血法

(1)耳缘静脉取血法 以小血管夹夹住耳根部,沿耳缘静脉局部涂二甲苯,使血管扩张,然后用酒精拭净,以粗针头刺入耳缘静脉,拔出针头血即流出。此法简单,取血量大,可取到2～3 mL,且可反复取血。

(2)颈动脉取血 先做颈动脉暴露手术,分离出2～3 cm的颈动脉,颈动脉下穿两条线,用一条线结扎远心端,近心端用动脉夹夹闭,用眼科剪刀向近心端剪一小 V 形口,插入动脉插管,用线结扎,并将远心端结扎线与近心端结扎线相互结紧,防止动脉插管脱出。动物体内可注射肝素抗凝。手术完毕后,需血时即可打开动脉夹放出所需的血量,然后夹闭动脉夹。这样可以按照所需时间反复取血,方便而准确。但动脉只能利用一次。

2. 小白鼠、大白鼠的取血法

断头取血是常用而简便的一种取血方法,操作时抓住动物,用剪刀剪掉头部,立即将鼠颈部向下,提起动物,并对准已准备好的容器(内放抗凝剂),血即快速滴入容器内。

六、常用给药方法

1. 静脉注射法

(1)耳缘静脉注射法 主要用于家兔。先除去注射部位的兔毛,用酒精棉球涂擦耳缘静脉部皮肤。以左手拇指与中指捏住固定耳尖部,食指放在耳下,垫起兔耳。右手持带有6～8号针头的注射器,尽量从静脉末端刺入血管。注射时针头先刺入皮下,沿皮下向前推进少许,而后刺入血管。针头刺入血管后再稍向前推进 1 cm,轻轻推动针栓,若无阻力和出现局部皮肤发白现象,即可注药。否则应退出重新穿刺。注射完毕后,用棉球压住针眼,拔出针头(图 1-2-2)。

图 1-2-2　家兔耳缘静脉注射法

　　(2)尾静脉注射法　主要用于小白鼠和大白鼠。一般选择鼠尾两侧静脉,应从鼠尾尖端开始,渐向尾根部移动,以备反复应用。一次注射量为 0.05~0.1 mL/10 g 体重。先将动物固定在可露出尾部的固定器内(可采用瓶底有小口的玻璃筒、金属筒或铁丝网笼)。以右手食指轻轻弹其尾尖部,必要时可用 45~50 ℃的温水浸泡尾部或用 75% 酒精擦尾部,使血管扩张充血,以拇指与食指捏住尾部两侧,尾静脉充盈更明显,以无名指及小指夹持尾尖部,中指在下托起尾巴固定。用 4 号针头,使针头与尾部成 30° 刺入静脉,推动药液无阻力,且可沿静脉血管出现一条白线,说明在血管内,可以注射药物。如遇阻力较大,局部皮肤发白,说明未刺入血管,应重新穿刺。注射完毕后,拔出针头,用棉球轻按注射部位止血。

　　2. 腹腔注射法

　　(1)小白鼠腹腔注射法　左手固定动物,使腹部向上,右手持注射器,在小白鼠右侧下腹部刺入皮下,沿皮下向前推进 3~5 mm,然后刺入腹腔。此时有抵抗力消失的感觉,在针头保持不动的状态下推入药液。应注意切勿使头向上注射,以防针头刺伤内脏(图 1-2-3)。

　　(2)家兔腹腔注射法　可参照小白鼠腹腔注射。但应注意家兔注射部位在腹白线两侧,离腹白线约 1 cm 处进针。

图 1-2-3　小白鼠腹腔注射法

3. 肌肉注射法

肌肉注射法不常使用。如有需要,应选择肌肉发达、肌肉和血管丰富的部位。如家兔肌肉注射,可选取臀部或股部,固定动物后,右手持注射器,令其与肌肉成 $60°$ 刺入肌肉中,先抽回针栓,待无回血时将药液注入。注射后轻轻按摩注射部位,有利于药液吸收。而小白鼠、大白鼠、豚鼠因肌肉较少,肌肉注射困难。如需要时可选取股部肌肉。

(李伟红)

项目三　生理学实验常用仪器

【概述】

生理学实验所用的仪器从功能上来说可分为三大部分:刺激输出部分、信号采集与放大部分和记录部分。

一、刺激输出部分

刺激输出部分的作用是给实验动物或标本施加刺激,主要包括电子刺激器和刺激电极。

1. 电子刺激器

电刺激是生理学实验中最常用的刺激方式,最常用的刺激波形是方波。其特点是易重复,强度易于控制,不易引起组织损伤。刺激的主要参数如下。

(1) 刺激强度,是指方波的高度,可用电压或电流来表示。

(2) 刺激频率,是指在施加连续刺激时方波的重复频率。

(3) 刺激持续时间,又称为波宽,是指方波的持续时间。

电子刺激器输出刺激的方式主要有三种:①单刺激,每次启动刺激时只输出一次刺激脉冲;②串刺激,每个刺激周期中电子刺激器输出一串刺激脉冲,脉冲个数可调;③连续刺激,启动刺激后有连续的刺激脉冲输出。

目前,计算机化的生物信号采集处理系统多采用程控刺激器,其参数可用软件方便地进行调节。

2. 刺激电极

刺激电极多用银丝或不锈钢丝制成,可分为普通电极和保护电极等。刺激电极的作用是对生物标本施加刺激。

二、信号采集与放大部分

信号采集与放大部分的作用是采集生物信号,其中电信号直接用电极来采集,非电信号用换能器来采集并将其转换为电信号,然后将信号放大并记录出来。

1. 换能器(传感器)

换能器是一种将机械能、化学能、光能等非电能形式的能量转换为电能的器件或装置。在生物医学实验中,常用的换能器有如下几种。

(1) 张力换能器,可将肌肉收缩等张力信号转换成电信号。

(2) 压力换能器,可将血压等压力信号转换成电信号。

换能器使用注意事项如下。

(1) 防止水进入换能器内部。

(2) 在使用时不能用手牵拉弹性悬臂梁,也不能超量加载。张力换能器弹性悬臂梁的屈服极限为规定量程的2~3倍,如50 g量程的张力换能器,在施加了150 g力后,弹性悬臂梁将不能恢复其原状,即弹性悬臂梁失去弹性,换能器被损坏。

(3) 压力换能器应轻拿轻放,不能碰撞。施加的压力不能超过其量程规定的范围。

2. 生物放大器

生物信号一般为毫伏级,甚至为微伏级。必须经过放大后才能被记录或显示。记录不同生物信号时,要求的生物放大器参数不同(表 1-3-1)。

表 1-3-1　生物放大器参数设置参考表

实 验 项 目	增 益 倍 数	滤波/kHz	时间常数/s
神经干动作电位	200	10	0.1
腓肠肌肌电	200	10	0.001
蛙心电	200	0.1	0.1
家兔、鼠心电	1 000	0.1	0.1~1.0
膈神经放电	10 000	10	0.01
主动脉神经放电	10 000	10	0.01
家兔脑电	1 000	0.1	0.1

三、记录部分

记录部分的作用是将生物信号记录并显示出来。传统的记录仪器有记纹鼓和多道生理记录仪。随着计算机科学的发展,计算机生物信号采集处理系统已广泛应用于实验中。

【计算机在生理学实验中的应用】

一、BL-420E^{+}生物机能实验系统工作原理

BL-420E^{+}生物机能实验系统是一种智能化的四通道生物信号采集、放大、显示及数据处理系统。它具有记录仪、刺激器、放大器、示波器等仪器的所有功能。它由 IBM 兼容微机、BL-420 系统硬件和 BL-420E^{+}生物信号显示与处理软件三个主要部分构成,其基本原理:首先将原始的生物信号(电信号和非电信号)放大,其中电信号直接经放大器放大,非电信号必须经过换能器转换成电信号后再经放大器放大;信号进行放大处理后,经过模数(A/D)转换后传输至计算机;计算机通过专用的生物机能实验系统软件对这些信号进行显示、实时处理并储存。此外,还可对数据进行处理和分析,并将波形和数据进行打印(图1-3-1)。

图 1-3-1　BL-420E$^+$生物机能实验系统工作原理图

二、BL-420E$^+$生物信号显示与处理软件的主界面

BL-420E$^+$生物信号显示与处理软件的主界面（图 1-3-2）从上到下主要分为 6 个部分：标题条、菜单条、工具条、波形显示窗口、数据滚动条及反演按钮区、状态条。主窗口从左到右主要分为三个部分：标尺调节区、波形显示窗口和分时复用区。各部分主要功能如下。

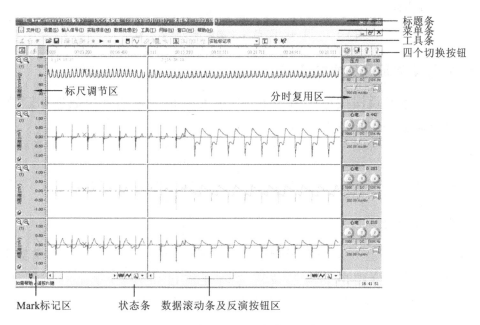

图 1-3-2　BL-420E$^+$生物信号显示与处理软件的主界面

1. 标题条

显示软件名称及实验标题等信息。

2. 菜单条

显示软件中所有的顶层菜单项，菜单条中一共有九个顶层菜单项，实验者可以选择其中的某一菜单项以弹出其子菜单。

3. 工具条

最常用命令的图形表示集合，含有下拉式按钮。

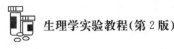

4. 波形显示窗口

波形显示窗口用于显示观察到的所有生物信号波形及处理后的结果,在初始状态时屏幕上将显示 4 个波形窗口。实验者可以根据自己的需要在屏幕上显示 1 个或多个波形显示窗口,也可以调节各个波形显示窗口的高度。每个通道的波形显示窗口包含标尺基线、波形显示两部分(图 1-3-3)。

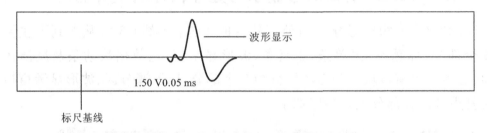

图 1-3-3　BL-420E$^+$ 软件生物信号波形显示窗口

5. 数据滚动条及反演按钮区

数据滚动条及反演按钮区用于实时实验和反演时快速查找数据和定位,同时调节四个通道的扫描速度。

6. 状态条

状态条表示当前系统命令的执行状态或一些提示信息。

7. 标尺调节区

标尺调节区的上方是刺激器调节区,下方是 Mark 标记区。刺激器调节区包括两个按钮,分别是刺激器设置对话框按钮和启动/停止刺激按钮(图 1-3-4)。主要功能是调节刺激器参数及启动或停止刺激。

刺激器设置对话框按钮

启动/停止刺激按钮

图 1-3-4　刺激器调节区

(1)刺激器参数设置　单击刺激器设置对话框按钮,可以使用电刺激属性页(图 1-3-5)和程控属性页设置刺激器的参数。

(2)电刺激属性页　除刺激模式和刺激方式列表框外,电刺激属性页中的每一个元素均具有以下形式,以波间隔为例(图 1-3-6)。

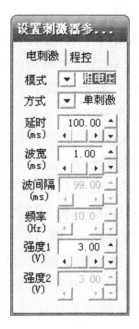

图 1-3-5　电刺激属性页

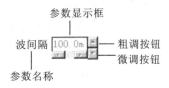

图 1-3-6　电刺激属性页的元素分解图

①模式。刺激器模式有四种:粗电压、细电压、粗电流和细电流。粗电压的刺激范围为 0～100 V,细电压的刺激范围为 0～10 V,粗电流的刺激范围为 0～20 mA,细电流的刺激范围为 0～2 mA。

②方式。刺激方式有五种:单刺激(为默认选择)、双刺激、串刺激、连续单刺激和连续双刺激。

③延时。调节刺激器第一个刺激脉冲出现的延时,单位为毫秒(ms),其范围为 0～6 s,可以调节。调节一次粗调按钮,延时变化 5 ms,调节一次微调按钮,延时变化 0.05 ms。

④波宽。调节刺激器脉冲的波宽。单位为毫秒(ms),范围为 0～2 s,可以调节。调节一次粗调按钮,波宽变化 0.5 ms,调节一次微调按钮,波宽变化 0.05 ms。

⑤波间隔。调节刺激器脉冲之间的时间间隔(适用于双刺激和串刺激),单位为毫秒(ms),范围为 0～6 s,可以调节。调节一次粗调按钮,波间隔变化 0.5 ms,调节一次微调按钮,波间隔变化 0.05 ms。波间隔的有效范围还受到刺激

频率的影响。

⑥频率。调节刺激频率(适用于串刺激和连续刺激)。单位为赫兹(Hz)，范围为0～2000 Hz，可以调节。调节一次粗调按钮，频率改变10 Hz，调节一次微调按钮，频率改变0.1 Hz，但刺激器的频率受波宽和波间隔(在串刺激和连续双刺激时波间隔才起作用)的影响，因此如果调节的波宽较长，刺激频率将不能调节到2000 Hz，计算机会自动计算出当时可以调节的最高刺激频率。

⑦强度1。当刺激方式为双刺激时，强度1用来调节双脉冲中第一个脉冲的电压幅度或电流。电压幅度的单位为伏(V)，其范围为0～100 V，可以调节。在粗电压模式下，调节一次粗调按钮，强度1值改变0.5 V，调节一次微调按钮，强度1值改变50 mV；在细电压模式下，调节一次粗调按钮，强度1值改变50 mV，调节一次微调按钮，强度1值改变5 mV。电流的单位为毫安(mA)，其范围为0～20 mA，可以调节。在粗电流模式下，调节一次粗调按钮，电流值改变100 μA，调节一次微调按钮，电流值改变10 μA；在细电流模式下，调节一次粗调按钮，电流值改变10 μA，调节一次微调按钮，电流值改变1 μA。

⑧强度2。当刺激方式为双刺激时，强度2用来调节双脉冲中第二个脉冲的电压幅度或电流。当刺激方式为串刺激时，用来调节串刺激的脉冲个数。强度2的电压幅度或电流的范围和调节方式与强度1完全相同。如果该参数用来调节串刺激的脉冲个数，脉冲个数的单位为个，有效范围为0～250个，可以调节。每调节一次粗调按钮，脉冲个数改变10，调节一次微调按钮，脉冲个数改变1。

(3) 程控属性页　程控属性页包括六个部分：程控方式、程控刺激方向、增量、主周期、停止次数和程控刺激选择(图1-3-7)，其主要功能如下。

①程控方式。程控方式包括五种：自动幅度方式、自动间隔方式、自动波宽方式、自动频率方式和连续串刺激方式。自动幅度方式是指自动对单刺激的刺激幅度进行改变，自动间隔方式是指自动对双刺激的刺激波间隔进行改变，自动波宽方式是指自动对单刺激的刺激波宽进行改变，自动频率方式是指自动对串刺激的刺激频率进行改变，连续串刺激方式是指自动、连续地发出串刺激波形。

②程控刺激方向。包括"增大""减少"两个按钮，控制程控刺激器参数的增大或减少。

③增量。程控刺激器在程控方式下每次发出刺激后程控参数的增大或减小。

④主周期。两次刺激之间的时间间隔。单位为秒(s)。

图 1-3-7　程控属性页

⑤停止次数。停止程控刺激的次数。在程控刺激方式下,每发出一个刺激将计数一次,所发出的刺激数达到停止次数后,将自动停止程控刺激。也就是说停止次数是停止程控刺激的一个条件。

⑥程控刺激选择。包括程控和非程控两个按钮,选择程控按钮将刺激器设置为程控刺激器,选择非程控按钮停止程控刺激器。

8. 分时复用区

分时复用区包括 4 个分区,即控制参数调节、显示参数调节区、通用信息显示区和专用信息显示区,它们分别占用屏幕右边相同的一块显示区域,顶端的 4 个切换按钮可以在 4 个不同区域之间切换。下面主要介绍控制参数调节区。

控制参数调节区是 BL-420E$^+$ 软件用来设置 BL-420E$^+$ 系统的硬件参数以及调节扫描速度的区域,每一个通道有一个控制参数调节区(图 1-3-8)。

(1)通道信号类型　用于显示当前通道信号的类型,如心电、压力、张力等。当通道关闭时,通道信号类型显示为"无信号"。

(2)信息显示区　只能显示一个测量数据,而更多的信息显示在通用信息显示区内。

(3)增益调节旋钮　增益调节旋钮用于调节通道的放大倍数。它分为 14 挡:2、5、10、20、50、100、200、500、1000、2000、5000、10000、20000、50000 倍。具

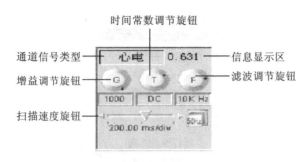

图 1-3-8　一个通道的控制参数调节区

体方法：在增益调节旋钮上每单击鼠标左键一次增益增大一挡，而每单击鼠标右键一次增益则减小一挡；另一种调节方法是在放大倍数显示框中单击鼠标右键弹出增益选择菜单，选择需要的增益即可完成调节。

（4）时间常数调节旋钮　用于调节时间常数的挡位。它分为 5 挡：0.001 s，0.01 s，0.1 s，5 s，DC。具体调节方法：在时间常数调节旋钮上单击鼠标左键一次时间常数减小一挡，而单击鼠标右键一次则时间常数增大一挡。在时间常数显示框中单击鼠标右键将弹出时间常数选择快捷菜单，选择需要的时间常数即可完成调节。

（5）滤波调节旋钮　用于调节高频滤波的挡位。它分为 8 挡：0.3，3，30，100，300，1 K，3.3 K，10 K。滤波的单位是 Hz，具体的调节方法同时间常数调节旋钮的调节方法。

（李伟红）

项目四　生理学实验常用手术器械和生理溶液

【常用手术器械】

一、蛙类手术器械

1. 剪刀

（1）粗剪刀　又称普通剪刀，用来剪骨骼等粗硬组织。

（2）普通手术剪　又称组织剪刀，用于剪肌肉和皮肤等组织。

（3）眼科手术剪　又称细剪刀，用于剪神经和血管等组织。

2. 镊子

（1）大镊子　又称组织镊子,用于夹持肌肉和皮肤等组织。

（2）小镊子　又称眼科镊子,用于夹持血管和神经等组织。

3. 金属探针

金属探针用于破坏脑和脊髓。

4. 玻璃分针

玻璃分针用于分离神经和血管等组织。

5. 蛙板

蛙板用于固定蟾蜍或其他标本。

6. 蛙心夹

蛙心夹用于描记心脏舒缩活动,使用时一端夹住蟾蜍心尖,另一端与张力换能器相连。

7. 锌铜弓

锌铜弓用于检查神经、肌肉标本的兴奋性。

二、哺乳类动物手术器械

1. 手术刀

手术刀用于切开皮肤和脏器。

2. 剪刀

剪刀包括普通手术剪和眼科手术剪。普通手术剪分为直形剪和弯形剪两种。弯形剪用于剪毛,直形剪用于剪皮肤、肌肉、皮下组织和线。眼科手术剪用于剪神经和血管等组织。

3. 镊子

同蛙类手术器械的镊子。

4. 止血钳

止血钳分为直、弯等不同规格,用于止血、牵拉和钝性分离组织。

5．颅骨钻

颅骨钻用于开颅钻孔。

6．咬骨钳

咬骨钳用于打开颅腔时咬剪骨质。

7．动脉夹

动脉夹用于夹闭动脉，暂时阻断动脉血流。

8．动脉插管

动脉插管用于插入动脉血管，直接描记动脉血压。

9．气管插管

Y 形管，用于插入气管，以保证呼吸道通畅。

10．持针器

夹持缝合针用于缝合组织。

11．膀胱插管

膀胱插管用于引流膀胱内的尿液和尿量测定。

12．其他

三通管(用于改变实验中液体流动方向，有利于输液、给药或描记血压)、注射器、针头和缝合线等。

根据实验内容的不同选择不同的手术器械。

【常用生理溶液的配制】

实验中常用的生理溶液有四种：任氏液、生理盐水、乐氏液和台氏液。任氏液和乐氏液主要用于两栖类动物，台氏液用于哺乳类动物，生理盐水可用于哺乳类动物(0.9％氯化钠)和两栖类动物(0.65％氯化钠)。配制方法如表 1-4-1 所示。

表 1-4-1　常用生理溶液的配制

成分	任氏液	乐氏液	台氏液	生理盐水	生理盐水
氯化钠/g	6.50	9.00	8.00	9.00	6.50
氯化钙/g	0.12	0.24	0.20	—	—

续表

成分	任氏液	乐氏液	台氏液	生理盐水	生理盐水
氯化钾/g	0.14	0.42	0.20	—	—
氯化镁/g	—	—	0.10	—	—
碳酸氢钠/g	0.20	0.10~0.30	1.00	—	—
磷酸二氢钠/g	0.01	—	0.05	—	—
葡萄糖/g	2.00	1.00~2.50	1.00	—	—
蒸馏水/mL	加至 1000	加至 1000	加至 1000	加至 1000	加至 1000

注意事项：①先将其他溶液混合并加入蒸馏水，最后再加入氯化钙，同时进行搅拌，以防形成钙盐沉淀；②葡萄糖应在临用前 1 h 内加入；③蒸馏水要新鲜。

（李伟红）

第二单元
神经和肌肉实验

项目五 坐骨神经-腓肠肌标本的制备

【实验目的】

（1）学习蛙类手术器械的使用方法。

（2）掌握蟾蜍或蛙坐骨神经-腓肠肌标本的制备方法。

【实验原理】

两栖类动物的一些基本生命活动和生理功能与恒温动物相近似，而其离体组织所需的生活条件比较简单，易于控制。若将蟾蜍或蛙坐骨神经-腓肠肌标本放在任氏液中，其兴奋性在一定时间内可保持不变。因此常用蟾蜍或蛙坐骨神经-腓肠肌标本来观察兴奋性、兴奋过程、刺激的一些规律以及骨骼肌的收缩特点等，坐骨神经-腓肠肌标本的制备方法是机能实验学的一项基本操作技术。

【实验对象】

实验对象为蟾蜍或蛙。

【实验器材及药品】

蛙类手术器械一套（包括粗剪刀、普通手术剪、眼科手术剪、组织镊、眼科镊、金属探针、玻璃分针、蛙板等），培养皿，锥形瓶，滴管，锌铜弓，污物缸，棉球，手术缝合线，任氏液等。

【实验步骤】

1. 破坏脑和脊髓

取蟾蜍一只,用自来水冲洗干净。左手握住蟾蜍,用食指压住头部前端使头前俯,右手持探针从枕骨大孔垂直刺入(图 2-5-1),然后向前刺入颅腔,并左右搅动探针以捣毁脑组织;再将探针抽回原处(不要将探针完全抽出),向后刺入椎管并捣毁脊髓。此时如蟾蜍的四肢松软、呼吸消失,表示脑和脊髓已完全破坏,否则应按上法再行捣毁。

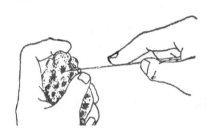

图 2-5-1　破坏蟾蜍的脑和脊髓

2. 剪除躯干上部及内脏

在骶髂关节水平以上 0.5～1 cm 处剪断脊柱,左手握蟾蜍后肢,拇指压住骶骨,使蟾蜍头与内脏自然下垂,右手持粗剪刀,沿脊柱两侧剪除其内脏及躯干上部,仅留后肢、骶骨、脊柱及由它发出的坐骨神经(图 2-5-2)。

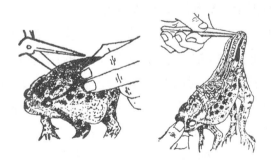

图 2-5-2　剪除躯干上部及内脏

3. 剥皮

左手握住脊柱断端,剪除肛门周围的皮肤(注意不要握住或接触坐骨神经),向下剥掉全部后肢的皮肤(图 2-5-3),将标本放入盛有任氏液的培养皿中。

图 2-5-3　剥皮

4．清洗

将手及用过的剪刀、镊子等全部手术器械洗净,再进行下述步骤。

5．分离两腿

用镊子从背位夹住脊柱将标本提起,剪去向上突出的骶骨(注意勿损伤坐骨神经),然后沿正中线用粗剪刀将脊柱分为两半,并从耻骨联合中央剪开,这样两只腿即完全分离。将两只腿浸入盛有任氏液的培养皿中。

6．制作坐骨神经-腓肠肌标本

取一只腿放在蛙板上,按下面的步骤操作。

(1)游离坐骨神经　用玻璃分针沿脊柱游离坐骨神经,并于近脊柱处穿线结扎。将标本背侧向上放置,把梨状肌及其附近的结缔组织剪断,再循坐骨神经沟(股二头肌与半膜肌之间)找出坐骨神经的大腿部分,用玻璃分针小心游离,然后从脊柱处将坐骨神经剪断,手执结扎神经的线将神经轻轻提起,剪断坐骨神经的所有分支,并将其一直游离至腘窝(图 2-5-4)。

(2)完成坐骨神经-小腿标本　将游离干净的坐骨神经搭于腓肠肌上,在膝关节周围剪掉全部大腿肌肉并用剪刀将股骨刮干净,然后在股骨中部剪去上段骨,保留的部分就是坐骨神经-小腿标本(图 2-5-5(a))。

(3)完成坐骨神经-腓肠肌标本　将上述坐骨神经-小腿标本在跟腱处穿线结扎后剪断跟腱。游离腓肠肌至膝关节处,然后沿膝关节将小腿除腓肠肌外其余部分全部剪掉,这样就制得一个具有附着在股骨上的腓肠肌并带有支配腓肠肌的坐骨神经的标本(图 2-5-5(b))。

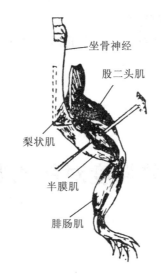

图 2-5-4 坐骨神经分离暴露后的位置

标注：坐骨神经、股二头肌、梨状肌、半膜肌、腓肠肌

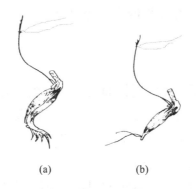

(a)　　　　　　(b)

图 2-5-5 坐骨神经-小腿标本及坐骨神经-腓肠肌标本

7. 检查标本的兴奋性

用经任氏液浸湿的锌铜弓迅速接触坐骨神经,如腓肠肌发生明显而灵敏的收缩,则表示标本的兴奋性良好,即可将标本放入盛有任氏液的培养皿中备用。

【注意事项】

(1)勿过度牵拉、污染或损伤坐骨神经和肌肉标本。

(2)制备过程中,应及时给坐骨神经和肌肉滴加任氏液。

(3)标本制成后须放在任氏液中浸泡数分钟,以稳定标本的兴奋性。

【分析与思考】

(1)什么是兴奋性、刺激和反应?

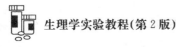

（2）兴奋性与刺激有何关系？

（3）简述锌铜弓刺激坐骨神经-腓肠肌标本的坐骨神经引起腓肠肌收缩的过程。

（庄晓燕）

项目六　刺激强度对肌肉收缩的影响

【实验目的】

（1）观察不同刺激强度对骨骼肌收缩幅度的影响。

（2）掌握阈刺激、阈上刺激和最大刺激等概念。

【实验原理】

活的神经、肌肉组织具有兴奋性，能接受刺激发生兴奋反应。但刺激要引起组织兴奋，其强度和作用时间必须达到一定的阈值（称强度阈值和时间阈值）。兴奋性高的组织阈值低；反之，兴奋性低的组织阈值高。因此，阈值常作为衡量组织兴奋性高低的客观指标。

不同种类的组织兴奋性高低不相同，同一种组织的不同单位的兴奋性也不相同。例如腓肠肌是由许多肌纤维组成的，各条肌纤维的兴奋性不同。因此用持续时间一定的单个刺激直接刺激（或通过神经间接刺激）腓肠肌时，如刺激强度太小，则不能引起肌肉收缩，只有当刺激强度达到一定数值时，才能引起肌肉发生最微弱的收缩，这种刚能引起反应的最小刺激强度即阈强度，相当于阈强度的刺激称为阈刺激，大于阈强度的刺激称为阈上刺激，而小于阈强度的刺激称为阈下刺激。随着刺激强度的增加，肌肉的收缩幅度也相应增大；当刺激强度增加到某一个强度时，肌肉出现最大的收缩反应。此时如再继续增加刺激强度，肌肉的收缩幅度却不再增大。这种能使肌肉发生最大收缩反应的最小刺激强度称为最适强度，这种强度的刺激称为最大刺激。因此，在一定范围内骨骼肌收缩的幅度取决于刺激的强度，这是刺激与组织反应之间的一个普遍规律。

【实验对象】

实验对象为蟾蜍或蛙。

【实验器材及药品】

BL-420E$^+$生物机能实验系统,刺激输出线,刺激电极,张力换能器,蛙类手术器械,万能支台,肌夹,双凹夹,培养皿,锥形瓶,滴管,棉球,任氏液等。

【实验步骤】

1. 制备标本

参见项目五的方法制备坐骨神经-腓肠肌标本(或股骨-腓肠肌标本),置于任氏液中浸泡 5~10 min。

2. 连接实验装置

用万能支台上的肌夹固定标本的股骨断端,跟腱与张力换能器的连线相连接,使刺激电极直接与腓肠肌接触良好(或将坐骨神经轻轻提起放在刺激电极上,使刺激电极与神经接触良好)。张力换能器的输入端连接于 BL-420E$^+$生物机能实验系统的 CH1。

3. 观察实验项目

启动计算机桌面上的 BL-420E$^+$生物机能实验系统,从主菜单栏"实验项目(M)"的下拉式菜单栏中选择"肌肉神经实验(F)"后,再从其子菜单中选择"刺激强度与反应的关系(1)",点击"程控"进入实验状态。

观察刺激强度由最小开始逐渐增加时对肌肉收缩的影响,找出刚刚引起肌肉收缩的最小刺激强度(阈强度)和引起肌肉收缩幅度达到最大时的最小刺激强度(最适强度)。

4. 记录实验结果

打印实验记录的曲线并注明阈刺激和最大刺激(图 2-6-1)。

【注意事项】

(1)为防止肌肉标本干燥,应经常滴加任氏液。
(2)每次刺激后必须让肌肉有一定的休息时间。
(3)实验记录过程中保持张力换能器与标本连线的张力不变。

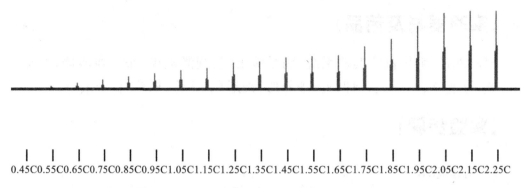

0.45C 0.55C 0.65C 0.75C 0.85C 0.95C 1.05C 1.15C 1.25C 1.35C 1.45C 1.55C 1.65C 1.75C 1.85C 1.95C 2.05C 2.15C 2.25C

图 2-6-1　刺激强度对肌肉收缩的影响

【分析与思考】

（1）什么是阈刺激与最大刺激？

（2）为什么在一定范围内增加刺激强度肌肉收缩幅度也增大？

（庄晓燕）

项目七 刺激频率对肌肉收缩的影响

【实验目的】

观察不同刺激频率对骨骼肌收缩形式的影响,记录骨骼肌单收缩、复合收缩和强直收缩曲线。分析骨骼肌产生不同收缩形式的机制。

【实验原理】

给活的肌肉一个短暂的阈上刺激,肌肉将发生一次收缩,此称单收缩。一个单收缩要经历潜伏期、收缩期和舒张期三个过程。逐渐加大刺激频率则会出现相邻两个收缩波不同程度的总和,其收缩曲线特点呈锯齿状,即不完全强直收缩。这是由于前一个收缩的舒张期尚未结束,后一个收缩已经出现。如果再继续加大刺激频率,则肌肉处于完全持久的收缩状态,看不出单收缩的痕迹,这就是完全强直收缩。这是由于前一个收缩的收缩期尚未结束,后一个收缩已经出现。强直收缩的幅度大于同等刺激强度下单收缩的幅度,并且在一定范围内随着刺激频率的增加,收缩幅度也增大。在生理条件下,支配骨骼肌的传出纤维总是发出连续的冲动,所以骨骼肌的收缩几乎都是完全性强直收缩。

【实验对象】

实验对象为蟾蜍或蛙。

【实验器材及药品】

BL-420E$^+$生物机能实验系统,刺激输出线,刺激电极,张力换能器,蛙类手术器械,万能支台,肌夹,双凹夹,棉球,培养皿,任氏液等。

【实验步骤】

1. 制备标本

参见项目五的方法制备坐骨神经-腓肠肌标本(或股骨-腓肠肌标本),置于任氏液中浸泡 5~10 min。

2. 连接实验装置

用万能支台上的肌夹固定标本的股骨断端,跟腱与张力换能器的连线相连接,使刺激电极直接与腓肠肌接触良好(或将坐骨神经轻轻提起放在刺激电极上,使刺激电极与神经接触良好)。张力换能器的输入端连接于 BL-420E$^+$ 生物机能实验系统的 CH1。

3. 观察实验项目

启动计算机桌面上的 BL-420E$^+$ 生物机能实验系统,从主菜单栏"实验项目(M)"的下拉式菜单栏中选择"肌肉神经实验(F)"后,再从其子菜单中选择"刺激频率与反应的关系(2)",点击"现代或经典实验"进入实验状态。

4. 记录实验结果

打印实验记录的曲线并注明单收缩、不完全强直收缩和完全强直收缩(图2-7-1)。

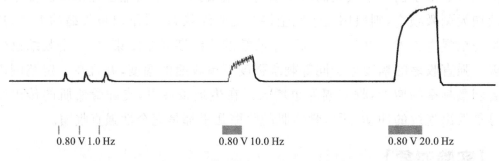

| | | |
| 0.80 V 1.0 Hz | 0.80 V 10.0 Hz | 0.80 V 20.0 Hz |

图 2-7-1 刺激频率对肌肉收缩的影响

【注意事项】

(1)应经常滴加任氏液,以保持标本兴奋性良好。
(2)每次刺激后必须让肌肉有一定的休息时间。

【分析与思考】

(1)什么是肌肉的单收缩和强直收缩?
(2)强直收缩有何生理意义?

(庄晓燕)

项目八 坐骨神经干动作电位的描记

【实验目的】

（1）观察蟾蜍或蛙坐骨神经干动作电位的基本波形。

（2）初步了解电生理学的实验方法。

【实验原理】

神经兴奋的客观标志是产生动作电位。如果将两个引导电极置于神经干表面，兴奋波先后通过两个引导电极处，可记录到两个方向相反的电位偏转波，称为双相动作电位。如果两个电极之间的神经组织有损伤，兴奋波只能通过第一个引导电极，不能传导至第二个引导电极，则只能记录到一个方向的电位偏转波，称为单相动作电位。单根神经纤维的动作电位是"全或无"的，而神经干是由多个粗细不等、兴奋性不同的神经纤维所组成，故在神经干表面记录的动作电位为复合性动作电位。这种动作电位的幅度在一定范围内随刺激强度的增加而增大。

【实验对象】

实验对象为蟾蜍或蛙。

【实验器材及药品】

BL-420E$^+$生物机能实验系统，刺激输出线，神经屏蔽盒，引导输入线，蛙类手术器械，滤纸，玻璃分针，棉球，任氏液，10％～15％氯化钾溶液等。

【实验步骤】

1. 制备蟾蜍或蛙坐骨神经干标本

制备方法与坐骨神经-腓肠肌标本的制备方法大致相同，但无需保留股骨和腓肠肌。神经干应尽可能分离得长一些。要求上自脊柱附近的主干，下沿腓总神经与胫神经一直至踝关节附近。

2. 连接实验装置

按图 2-8-1 所示连接实验装置。将坐骨神经干放在神经屏蔽盒的电极上，盒内放入浸有任氏液的滤纸，以增加盒内空气湿度，防止神经干迅速干燥。

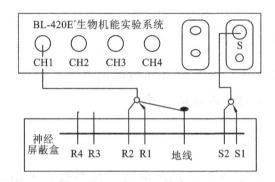

图 2-8-1　坐骨神经干动作电位装置示意图

3. 观察实验项目与测定

启动 BL-420E$^+$ 生物机能实验系统。从主菜单栏"实验项目(M)"的下拉式菜单栏中选择"肌肉神经实验(F)"后，再从其子菜单中选择"神经干动作电位的引导(3)"进入实验状态。

（1）将刺激"强度 1"设置为 0.05 V，启动"刺激"，用鼠标点击"强度 1"增量按钮，逐渐增加刺激强度，观察神经干动作电位幅度与刺激强度间的关系，直至动作电位最大为止。找出阈刺激和最大刺激值。

（2）将神经干标本的放置方向倒换，观察动作电位波形有无变化。

（3）用小镊子将 R1 和 R2 两个记录电极（图 2-8-1）之间的神经干夹伤，或用一小块浸有高浓度氯化钾溶液的滤纸片贴附在记录电极 R1 和 R2 之间的神经干上，观察动作电位的变化。

【注意事项】

（1）神经干分离应尽可能长一些，分离过程中勿损伤神经。

（2）不要将神经干碰到神经屏蔽盒上，也不要把神经两端折叠在电极上，以免影响动作电位的大小和波形。

（3）刺激强度先由弱强度开始，逐渐加至适宜强度，以免过强刺激损伤神经干标本。

【分析与思考】

（1）神经干的动作电位是"全或无"的吗？为什么？

（2）神经干的放置方向改变，动作电位波形会发生变化吗？为什么？

（3）为什么用高浓度氯化钾溶液滤纸片贴附神经干后动作电位会发生变化？

（庄晓燕）

项目九 坐骨神经干兴奋传导速度的测定

【实验目的】

（1）学习测定神经干动作电位传导速度的方法。

（2）测定神经干兴奋的传导速度。

【实验原理】

动作电位在神经纤维上的传导有一定的速度，可用电生理学方法进行测量。不同纤维的传导速度不同，与纤维的直径、温度和有无髓鞘等因素有关。蛙类坐骨神经干中以 A 类纤维为主，传导速度为 $35 \sim 40$ m/s。测定动作电位在神经干上传导的距离（d）与通过这段距离所需的时间（t），即可求出动作电位的传导速度（v），$v = d/t$。

【实验对象】

实验对象为蟾蜍或蛙。

【实验器材及药品】

BL-420E$^+$ 生物机能实验系统，刺激输出线，神经屏蔽盒，引导输入线，蛙类手术器械，滤纸，玻璃分针，棉球，任氏液等。

【实验步骤】

1. 制备蟾蜍或蛙坐骨神经干标本

具体方法同项目八。

2. 连接实验装置

按图 2-9-1 所示连接实验装置。将坐骨神经干放在神经屏蔽盒的电极上，盒内放入浸有任氏液的滤纸，以增加盒内空气湿度，防止神经干迅速干燥。

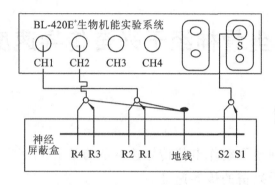

图 2-9-1 坐骨神经干兴奋传导速度的测定装置示意图

3. 观察实验项目与测定

启动 BL-420E⁺生物机能实验系统。从主菜单栏"实验项目(M)"的下拉式菜单栏中选择"肌肉神经实验(F)"后,再从其子菜单中选择"神经干兴奋传导速度的测定(4)",用尺量出两记录电极(R1 和 R3)间的距离(单位为 cm)并输入对话框中,进入实验状态。在 CH1 和 CH2 分别记录一个完整的动作电位波形。此时在窗口"专用信息显示区"显示该神经干兴奋的传导速度(单位为 m/s)。报告神经干兴奋的传导速度。

【注意事项】

(1) 神经干标本应尽可能长,并经常用任氏液湿润,以保持兴奋性良好,但过多的任氏液要用棉球吸去。

(2) 神经干置于神经屏蔽盒内时,应使其与各电极均保持良好接触。

(3) 制备标本时应仔细去除附着在神经干上的结缔组织和血管,不可过度牵拉标本。

【分析与思考】

（1）神经干的传导速度受哪些因素的影响？

（2）仅用一对引导电极能否测定传导速度？应注意什么？

（庄晓燕）

项目十 坐骨神经干绝对不应期的测定

【实验目的】

（1）学习绝对不应期的测定方法。

（2）了解两栖类动物坐骨神经干产生动作电位后其兴奋性变化的规律性。

【实验原理】

当神经纤维受到刺激兴奋时，其本身的兴奋性会发生一系列的变化。先后经历绝对不应期、相对不应期、超常期和低常期，然后再恢复到正常的兴奋性水平。在绝对不应期内给予任何强大的刺激，神经纤维也不发生兴奋。在相对不应期，给予阈上刺激，神经纤维可产生兴奋，但产生的动作电位幅度降低。

【实验对象】

实验对象为蟾蜍或蛙。

【实验器材及药品】

BL-420E$^+$生物机能实验系统，刺激输出线，神经屏蔽盒，引导输入线，蛙类手术器械，滤纸，玻璃分针，棉球，任氏液等。

【实验步骤】

1. 制备蟾蜍或蛙坐骨神经干标本

具体方法同项目八。

2. 连接实验装置

具体方法同项目八。

3. 观察实验项目与测定

启动 BL-420E$^+$ 生物机能实验系统。从主菜单栏"实验项目(M)"的下拉式菜单栏中选择"肌肉神经实验(F)"后,再从其子菜单中选择"神经干兴奋不应期的测定(5)",点击"程控"直接进入实验状态,将先后出现两个动作电位波形。随着两次刺激间隔时间的逐渐缩短,观察动作电位2幅度的变化情况,直至动作电位2不出现为止。此时,显示器上的刺激间隔即为绝对不应期的时程。报告神经干兴奋的绝对不应期时程(单位为 ms)。

【注意事项】

(1) 制备标本时应仔细去除附着在神经干上的结缔组织和血管,但不可过度牵拉标本。

(2) 刺激电极与引导电极尽可能远些,并接好地线。

(3) 神经屏蔽盒用毕应清洗擦干,防止电极生锈。

【分析与思考】

(1) 不同组织的不应期是否相同,有何意义?

(2) 绝对不应期的长短有何生理意义?

(庄晓燕)

项目十一　坐骨神经干动作电位与腓肠肌收缩的关系

【实验目的】

观察神经肌肉标本的电活动与肌肉收缩的关系。

【实验原理】

骨骼肌是随意肌,受躯体运动神经支配。用适宜强度的电刺激蟾蜍的坐骨神经时,可使与其相连的腓肠肌收缩。刺激神经时,首先在受刺激部位的神经纤维膜上产生动作电位,动作电位以局部电流的方式沿着神经纤维传至轴突末梢,神经肌肉接头前膜兴奋时释放的乙酰胆碱通过接头间隙与终板膜上的 N_2 型胆碱能受体结合,使后膜对 Na^+ 的通透性增高,Na^+ 的内流产生终板电位。终板电位以电紧张扩布的方式使邻近的肌细胞膜去极化,经总和达到阈电位时引发肌细胞的动作电位。后者再经过兴奋-收缩耦联,引起肌肉产生一次收缩。筒箭毒和琥珀酰胆碱等可阻断神经肌肉接头处的兴奋传递,使肌肉失去收缩能力。用高渗甘油破坏肌细胞的横管系统,出现兴奋-收缩脱耦联。

【实验对象】

实验对象为蟾蜍或蛙。

【实验器材及药品】

BL-420E$^+$生物机能实验系统、引导输入线、刺激输出线、高渗甘油、锌铜弓、腓肠肌固定屏蔽盒,蛙类手术器械、滤纸、任氏液、棉球、0.5%琥珀酰胆碱溶液等。

【实验步骤】

1. 制作坐骨神经-腓肠肌标本

将制作好的坐骨神经-腓肠肌标本置于任氏液中浸泡 10～15 min。

2. 实验装置连接

将离体坐骨神经-腓肠肌标本固定在腓肠肌固定屏蔽盒中,腓肠肌的跟腱结扎线固定在张力换能器上,将坐骨神经轻轻提起,放在刺激电极与记录电极上,保持神经与电极接触良好。神经引导电极连接于 BL-420E$^+$生物机能实验系统的 CH3,张力换能器的输出端连接于 CH1(图 2-11-1)。

3. 实验观察与测定

启动 BL-420E$^+$生物机能实验系统,从主菜单栏"实验项目(M)"的下拉式菜单栏中选择"肌肉神经实验(F)"后,再从其子菜单中选择"肌肉兴奋-收缩时相关系(6)",点击"连续描记"进入实验。可根据实验记录的波形调整增益(或软件放大/缩小按钮)和扫描速度,使坐骨神经干动作电位与肌肉收缩波形达到最好观察形态。

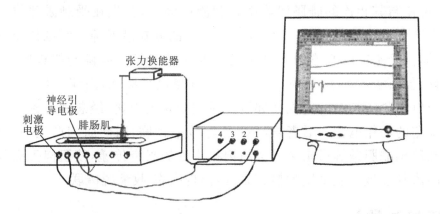

图 2-11-1　坐骨神经干动作电位与腓肠肌收缩同步记录装置示意图

（1）给坐骨神经干单刺激（阈上刺激）后观察有无神经动作电位和肌肉收缩的出现，并仔细观察它们之间的时间关系（图 2-11-2）。

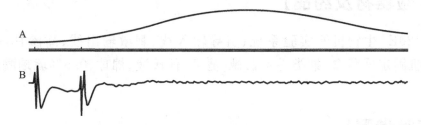

图 2-11-2　骨骼肌兴奋时的电活动与收缩的关系

注：A，肌肉收缩曲线；B，坐骨神经干动作电位

（2）取下标本，将腓肠肌浸泡在含有甘油的高渗任氏液中 15～20 min。期间，间歇用锌铜弓刺激神经。如果肌肉无反应，将标本重新固定，重复实验观察（1）。观察神经动作电位和肌肉收缩曲线的变化。然后再将标本浸入任氏液 5～10 min，待用锌铜弓刺激有收缩后，重复上述观察。

（3）另取一标本，做实验观察（1）。然后用蘸有 0.5% 琥珀酰胆碱溶液的小棉条包裹腓肠肌标本。10 min 后，再做实验观察（1），观察神经动作电位和肌肉收缩是否发生变化。若无收缩反应出现，直接用电极刺激肌肉，观察有无肌肉收缩。

【注意事项】

（1）神经肌肉标本应经常滴加任氏液，防止干燥。

（2）每次刺激后必须让肌肉有一定的休息时间（0.5～1 min）。

【分析与思考】

（1）试述神经动作电位、肌电活动与骨骼肌收缩之间的关系。

（2）0.5％琥珀酰胆碱溶液的作用是什么？

（3）什么是兴奋-收缩耦联？高渗甘油浸过的标本会出现什么现象？为什么？

（李伟红　宝东艳）

第三单元
血液实验

项目十二　出血时间与凝血时间的测定

【实验目的】

（1）学习出血时间的测定方法，推断血小板的功能有无异常。

（2）学习凝血时间的测定方法，了解凝血因子的功能。

【实验原理】

出血时间是指从针刺入皮肤导致毛细血管破损后，血液自行流出到自行停止所需的时间。当毛细血管和小血管受损时，受损的血管可立即收缩，使局部血流减慢，同时血小板黏附于血管的破损处，形成血小板栓继而形成血凝块。在此过程中激活的血小板释放出血管活性物质及 ADP，加强局部小血管的收缩和血小板的聚集，使出血停止。临床上测定出血时间有助于诊断某些血液疾病。

凝血时间是指血液从离体至完全凝固所需要的时间。血液离体后接触异物时，凝血过程即开始，血液中一系列凝血因子相继激活，最后血液中的纤维蛋白原转变为纤维蛋白，血液由流动的液体状态转变为不能流动的凝胶状态。凝血时间反映血液本身的凝固过程是否正常，而与血小板的数量及毛细血管的脆性关系较小，临床上测定凝血时间主要用于诊断血液中凝血因子的功能状态。

【实验对象】

实验对象为人。

【实验器材及药品】

采血针,已消毒的 5 mL 注射器 2 个,滤纸,玻片,棉球,棉签,75%酒精,碘酒,小试管,试管架,秒表,血压计,恒温水浴箱等。

【实验步骤】

一、出血时间测定

（一）Duck 法（正常值为 1～3 min）

1. 准备工作

轻揉耳垂或指端,使其局部充血。

2. 消毒穿刺

以 75%酒精棉球消毒耳垂或指端,待干燥后,用消毒采血针刺入 2～3 mm,让血液自然流出,勿施加压力,自血液流出时起计算时间。

3. 计时

第一滴血流出,即以滤纸蘸吸血滴（滤纸上的血迹直径必须有 1～2 cm）。每隔 30 s 用滤纸吸干流出的血液一次,直至无血液流出。注意滤纸勿接触伤口,以免影响结果的准确性。记录开始出血至停止出血的时间,或将滤纸上的血点数除以 2,即为出血时间。

（二）Ivy 法（正常值为 2～6 min）

1. 加压

将血压计袖带绑于肘关节,加压并维持血压在 40 mmHg 左右。

2. 消毒穿刺

避开肘上大静脉处,用酒精棉球消毒,用采血针刺入上臂皮肤约 3 mm,让血液自然流出并开始计时。

3. 计时

第一滴血流出,即以滤纸蘸吸,每隔 30 s 蘸吸一次,直至血液不再流出为止,记录自开始出血至停止出血的时间。

二、凝血时间的测定

(一) 玻片法(正常值为 2～5 min)

1. 消毒

以 75％酒精棉球消毒耳垂或指端。

2. 穿刺

待耳垂或指端干燥后,用消毒的采血针刺入 2～3 mm,让血液自然流出。

3. 计时

用干棉球轻轻拭去第一滴血液,待血液重新自然流出时,立即开始计时。用清洁干燥的载玻片接取血液一大滴(直径为 5～10 mm)。在 2 min 后每隔 30 s 用采血针针尖挑血一次,直至挑起纤维蛋白丝为止,此过程所需时间即为凝血时间。

(二) 试管法(正常值为 4～12 min)

1. 准备工作

取 3 支洁净的小试管,排列于试管架上。

2. 消毒

用碘酒、75％酒精消毒皮肤。

3. 采血

选择静脉采血,当血液进入注射器即换另一个注射器(不要拔出针头)抽血,并立即启动秒表计时,抽血 3 mL。

4. 计时

取下注射器针头,沿管壁缓缓将血液注入 3 支小试管中,每管 1 mL,置于 37 ℃水浴槽中。血液离体 4 min 后,每隔 30 s 将第 1 管倾斜一次(约 30°),观察血液是否流动,再依次观察第 2 管、第 3 管。观察直至试管倒置血液不再流动(即凝固)为止。以第 3 管的凝固时间作为凝血时间。

【注意事项】

（1）各种采血及实验用具需严格消毒。

（2）针刺耳垂或指端时，不宜太浅，深度以 2～3 mm、可以使血自然流出为宜。如针刺深度不够，流血量太少，不能用力挤压局部，应重新针刺。

（3）同时做出血时间和玻片法凝血时间测定，一般在不同部位分别进行穿刺采血。但如果第一针自然流出血液较多，也可先接取血液一大滴做凝血时间测定，30 s 后，用滤纸吸血测定出血时间。

（4）测定出血时间的过程中，用滤纸吸血时，注意不要将滤纸触及皮肤伤口，以免影响结果的准确性。

（5）测定凝血时间时，应严格执行每隔 30 s 用针头挑血一次，不可太频繁。用针挑血时应沿一定方向自血滴边缘向里轻挑，千万不要多方向、不停地挑动，以免破坏纤维蛋白的网状结构而造成不凝血的假象。

（6）采用试管法时，试管必须清洁、干燥、内径一致，静脉采血要顺利，不得混入组织液，血液不能产生泡沫，倾斜试管要轻、角度要小，尽量减少血液与管壁接触的面积。

【分析与思考】

（1）出血时间和凝血时间二者有何区别？两者的延缓和加速是相互平行发展的吗？

（2）临床上测定出血时间和凝血时间的意义如何？

（潘　丽）

项目十三　血液凝固及其影响因素

【实验目的】

了解血液凝固的基本过程以及加速或延缓血液凝固过程的一些因素。

【实验原理】

血液流出血管后，很快就会由流动的液体状态转变为不能流动的凝胶状态,这个过程称为血液凝固。其实质是血浆中的可溶性纤维蛋白原转变为不溶性的纤维蛋白的过程。纤维蛋白交织成网,把血细胞及血液的其他成分网罗在内,从而形成血凝块。血液凝固过程可分为三个阶段:凝血酶原激活物形成、凝血酶原的激活、纤维蛋白的形成。血液凝固根据凝血过程启动因素及反应途径的不同分为内源性凝血系统与外源性凝血系统两条途径。内源性凝血系统是指参与凝血过程的因子存在于血浆中,而外源性凝血系统是指由组织因子和血管内凝血因子共同参与血液凝固。

本实验在事先暴露血管的情况下直接从动脉抽血或直接从兔心抽血,由于血液几乎没有和组织因子接触,其凝血过程主要由内源性凝血系统所启动。脑组织含有丰富的组织因子,本实验在血液中加入兔脑粉悬液,观察外源性凝血系统的作用。

血液凝固过程除受凝血因子直接影响外,还受温度、接触面的光滑程度等外源性因素的影响。

【实验对象】

实验对象为家兔。

【实验器材及药品】

哺乳类动物手术器械一套,兔手术台,手术线,动脉夹,动脉插管,干燥洁净的 10 mL 注射器 2 个,小烧杯 2 个,带橡皮刷的玻棒或竹签,清洁小试管若干,秒表,恒温水浴槽,碎冰块,棉花,液体石蜡,0.5 mL 吸管 6 支,滴管,离心机,试管架,吸管架,20%氨基甲酸乙酯溶液,肝素(8 U/mL),0.025%$CaCl_2$溶液,草酸钾 1~2 mg(置小试管内),3.8%枸橼酸钠溶液,兔脑粉悬液,富血小板血浆,贫血小板血浆,生理盐水等。

【实验步骤】

一、颈动脉插管

从兔耳缘静脉注入 20%氨基甲酸乙酯溶液 5 mL/kg 进行麻醉,先快后慢,观察家兔的麻醉程度,待其麻醉后取背位固定于兔手术台上。剪去颈部的毛,沿颈部正中线做 5~7 cm 长的皮肤切口,分离出皮下组织和肌肉,暴露气管,在气管两侧的深部找到颈总动脉。分离出一侧颈总动脉,在其下穿两条手术线。一条将颈总动脉于远心端结扎,另一条备用。在颈总动脉近心端用动脉夹夹闭动脉,然后在远心端结扎点的下方用眼科剪刀剪一斜切口,于向心方向插入动脉插管,用手术线固定,以备取血。

二、观察项目

(一)观察纤维蛋白原在凝血过程中的作用

由颈总动脉插管放血 10 mL,分别注入两个小烧杯内,一杯静置,另一杯用带橡皮刷的玻棒或竹签(也可用小号试管刷)轻轻搅拌,观察血液的凝固现象。数分钟后,玻棒或竹签上结成红色血团,取出玻棒或竹签,用水冲洗,观察缠绕在玻棒或竹签上的纤维蛋白,思考经过这样处理的血液是否会发生凝固。

(二)观察内源性凝血及外源性凝血过程

取标记好的干燥洁净的小试管 3 支,按表 3-13-1 分别加入富血小板血浆、贫血小板血浆、生理盐水和兔脑粉悬液,摇匀后静置。然后同时加入 0.025% CaCl$_2$ 溶液,摇匀,每 15 s 倾斜试管一次,观察是否开始凝血。分别记录 3 支试管的血浆凝固时间。思考血浆加 CaCl$_2$ 溶液后为什么会发生凝固。

比较第 1 管与第 2 管、第 2 管与第 3 管的血浆凝固时间,分析产生差别的原因。

表 3-13-1　内源性凝血途径和外源性凝血途径的观察

项　　目	第 1 管	第 2 管	第 3 管
生理盐水/mL	0.2	0.2	
贫血小板血浆/mL		0.2	0.2
富血小板血浆/mL	0.2		
兔脑粉悬液/mL			0.2
0.025% CaCl$_2$ 溶液/mL	0.2	0.2	0.2
血浆凝固时间/mL			

(三)观察影响血液凝固的因素

取干燥洁净的小试管 7 支,编号并按表 3-13-2 准备后,用干燥洁净的注射器从血管或心脏取兔血 12 mL(速度要快,针头不能过细),迅速向每管注入 2 mL 并立即计时,每 15 s 倾斜试管一次,以观察血液是否凝固,至血液呈凝胶状、不再流动时记录血液凝固的时间。

表 3-13-2 影响血液凝固的因素

实 验 条 件	凝 血 时 间	解 释
1. 对照管(不加任何处理)		
2. 加棉花少许		
3. 液体石蜡润滑试管内表面		
4. 保温于 37 ℃水浴槽中		
5. 放置于冰浴中		
6. 加肝素 8 U(加血后摇匀)		
7. 加草酸钾 1～2 mg(加血后摇匀)		

【注意事项】

(一)和(三)两个观察项目可同时进行,可只放血 1 次。如果有必要进行第 2 次放血,最先由插管内流出的血液应弃去。

【分析与思考】

(1) 比较内源性凝血途径与外源性凝血途径的区别。
(2) 结合临床,分析影响血液凝固的因素在临床中的应用。

 资料卡片

一、富血小板血浆和贫血小板血浆的制备

取 1‰乙二胺四乙酸二钠或 0.1 mol/L 枸橼酸钠抗凝全血(1 份抗凝剂加 9 份全血)。以 1000 r/min 的速度离心 10 min,取上层血浆即为富血小板血浆。取同样抗凝全血以 4000 r/min 的速度离心 30 min,上层血浆即为贫血小板血浆。由于血小板容易被破坏,最好在实验当天制备,不用时保存于冰箱中。

二、兔脑粉悬液的制备

(一) 干脑粉的制备

将新鲜兔脑彻底去除软脑膜及血管网,用生理盐水洗净,置乳钵中研碎。去除未研碎的杂质,加 3 倍量的丙酮,研磨 30 s(注意不要研磨太久,若至胶状,丙酮不易分离。如已成胶状,则需要加少量丙酮,轻轻混匀即可分离)。静置数分钟后,倒去上清液,再加适量丙酮,如此反复 5～6 次,使脑组织完全脱水成灰白色微细粉末状。用滤纸尽可能滤去丙酮,将脑粉摊开,在干燥皿中干燥成无黏着性的颗粒状粉末,干脑粉半年之内活性不变。

（二）脑粉悬液的制备

取干脑粉 0.3 g 放入大试管内,加生理盐水 5 mL,混匀,置 45 ℃水浴槽内 10 min,并经常摇动。然后以 1000 r/min 的速度离心 1 min(或静置),将大颗粒沉淀弃去,其上层乳白色液体即为脑粉悬液。将脑粉悬液置于冰箱内保存,2 周内其活性恒定。

（潘　丽）

项目十四　ABO 血型鉴定与交叉配血

【实验目的】

（1）学习 ABO 血型鉴定的原理及方法。
（2）了解交叉配血的方法。
（3）理解临床上输血的重要意义。

【实验原理】

血液具有重要的生理作用,失血过多可以影响机体的功能。输血已成为治疗某些疾病、抢救伤员生命和保证一些手术得以顺利进行的重要手段。为了确保输血的安全性和提高输血效果,输血前必须鉴定血型和进行交叉配血实验。

血型是指血细胞膜上特异抗原的类型。若将血型不相容的两个人的血液混合在一起,红细胞可以聚集成簇,这种现象称为红细胞凝集。红细胞凝集的本质是抗原-抗体反应。在凝集反应中起抗原作用的特异抗原称为凝集原(agglutinogen),能与凝集原起反应的特异抗体称为凝集素。根据红细胞上所含凝集原种类可将血型分为 A、B、AB、O 四种基本血型。血型鉴定是将受试者红细胞加入 A 型标准血清(含足量的抗 B 凝集素)与 B 型标准血清(含足量的抗 A 凝集素)中,观察有无凝集现象,从而测知受试者红细胞上有无凝集原 A 和(或)凝集原 B。

交叉配血是将受血者的红细胞与血清分别与供血者的血清与红细胞混合,观察有无凝集现象。

【实验对象】

实验对象为人。

【实验器材及药品】

采血针,双凹玻片,滴管,1 mL 吸管,小试管,试管架,牙签,玻棒,消毒注射器及针头,棉球,消毒棉签,A、B 型标准血清,生理盐水,75％酒精,碘酒,显微镜,离心机等。

【实验步骤】

一、ABO 血型鉴定

(一) 玻片法

(1) 将已知的 A 型和 B 型标准血清各 1 滴,滴在玻片的两端,分别标明"A"与"B"。

(2) 轻揉耳垂或指端,使之轻度充血,用 75％酒精棉球消毒皮肤,用一次性采血针刺破皮肤,去掉第一滴血,待第二滴血流出时,用消毒后的玻棒两端各蘸取血少许,分别滴于玻片两端的血清上并搅匀。

(3) 5 min 后用肉眼观察有无凝集现象。如无凝集现象,再用牙签混合之。等 10 min 后,再根据其有无凝集现象判定血型(表 3-14-1 及图 3-14-1)。若有疑问,可重新再检测一次。

表 3-14-1　凝集反应与血型的判定

是否凝集		受试者血型
A 型标准血清(抗 B 血清)	B 型标准血清(抗 A 血清)	
＋	－	B
－	＋	A
－	－	O
＋	＋	AB

注:"＋"表示凝集;"－"表示没有凝集。

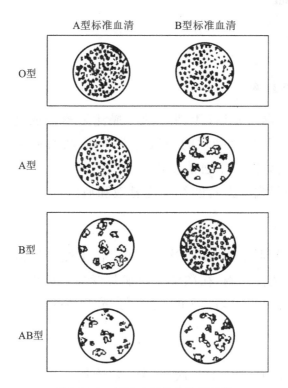

图 3-14-1 ABO 血型鉴定结果判断

（二）试管法

（1）制备红细胞悬液：用 75％酒精棉球消毒左手无名指端，用消毒采血针刺破皮肤，滴 1 滴血于盛有生理盐水的小试管中混匀，制成红细胞悬液（浓度约为 5％）。

（2）取干净小试管 2 支，分别标明 A、B 字样，分别加入 A、B 型标准血清与受试者的红细胞悬液各 1 滴，混匀后室温放置数分钟，离心 1 min（1000 r/min）。

（3）取出试管后用手指轻弹试管底部，使沉淀物弹起，观察实验结果。若沉淀物成团漂起，表示有凝集现象；若沉淀物呈烟雾状逐渐上升，最后恢复悬液状态，表示无凝集现象。

二、交叉配血

(一)玻片法

1. 制备红细胞悬液

以碘酒、酒精消毒皮肤后,用消毒的干燥注射器抽取受血者静脉血 2 mL。取 1 滴加入装有 1 mL 生理盐水的小试管中,制成红细胞悬液,其余血液装入另一试管中,待其凝固后离心出血清备用。

以同样的方法制成供血者的红细胞悬液和血清。

2. 交叉配血

在玻片的两侧分别注明"主""次"字样。在主侧分别滴加受血者的血清及供血者的红细胞悬液各 1 滴,在次侧分别滴加受血者的红细胞悬液及供血者的血清各 1 滴,分别用牙签混匀,15 min 后观察凝集现象。

(二)试管法

取试管 2 支,分别标明"主""次"字样,各管按照玻片法加入相应的内容物各 1 滴,混匀后离心 1 min(1000 r/min),取出试管,观察有无凝集现象。试管法较玻片法迅速。

【注意事项】

(1)应使用不同的滴管吸取 A、B 型标准血清及红细胞悬液,用于混匀红细胞悬液与标准血清的牙签应分开。

(2)红细胞悬液不能太浓或太淡,否则可出现假阴性反应。

(3)注意区别红细胞凝集和聚集,后者加 1 滴生理盐水混匀可分散,而前者不能分散。

(4)判断红细胞凝集需要一定的时间,尤其在室温较低时,凝集所需时间更长。肉眼观察凝集现象不清楚时,应在低倍显微镜下观察。

【分析与思考】

(1)血液有何生理作用?临床的输血原则是什么?

(2)如果有 A 型标准红细胞和 B 型标准红细胞,但无标准血清时,能否进行血型鉴定?

（3）ABO 血型系统中,同型输血有无可能引起输血反应,为什么? 为避免引起输血反应,输血前应做什么实验? 如何判定?

（潘　丽）

第四单元
血液循环系统实验

项目十五　蟾蜍心脏起搏点的观察

【实验目的】

（1）分别观察正常蟾蜍心室、心房和静脉窦搏动顺序及每分钟各自搏动次数。

（2）分别阻断静脉窦-心房和心房-心室间的兴奋传导，观察蟾蜍心室、心房和静脉窦搏动顺序和次数的改变。

【实验原理】

心脏的特殊传导系统具有自动节律性，但各部分的自律性高低不同。哺乳类动物心脏以窦房结的自律性最高，被称为心脏正常起搏点；而两栖类动物蟾蜍的心脏以静脉窦的自律性最高，所以蟾蜍心脏的正常起搏点是静脉窦。正常心脏的兴奋每次都由窦房结（静脉窦）发出，通过特殊传导系统依次传到心房肌和心室肌，引起心脏兴奋。

【实验对象】

实验对象为蟾蜍。

【实验器材及药品】

蛙类手术器械，蛙板，缝合线，玻璃分针，棉球，搪瓷缸，任氏液等。

【实验步骤】

（1）蟾蜍心脏标本的制备。取蟾蜍一只，用探针破坏脑和脊髓后（注意要破坏完全），将蟾蜍仰卧固定在蛙板上。用剪刀剪开胸骨表面皮肤并沿中线剪开胸骨，可见心脏位于心包中。用小剪刀仔细剪开心包暴露心脏，识别静脉窦、心房和心室（图 4-15-1）。

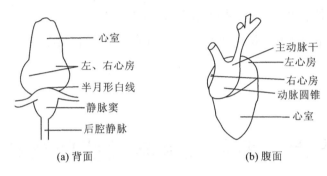

图 4-15-1　蟾蜍心脏结构示意图

（2）分别观察和记录心室、心房和静脉窦每分钟搏动次数和顺序。

（3）找到静脉窦和心房交界的半月形白线（窦房沟），用缝合线沿着半月形白线结扎以阻断静脉窦和心房之间的兴奋传导。观察心房的搏动是否停止，静脉窦是否仍照常搏动。心房、心室如已恢复搏动，则分别计数静脉窦、心房和心室每分钟搏动次数，并观察它们的搏动是否一致。

（4）结扎房室沟，重新做上述观察。

【实验结果】

按表 4-15-1 报告心脏起搏点的观察结果。

表 4-15-1　蟾蜍心脏起搏点的观察结果

实验条件	搏动次数/(次/分)		
	静脉窦	心房	心室
正常			
结扎窦房沟			
结扎房室沟			

【注意事项】

（1）实验中注意勿损伤蟾蜍心脏,尤其是静脉窦。

（2）随时滴加任氏液于心脏表面,使其保持湿润。

【分析与思考】

（1）何谓自律性? 心脏哪些部位有自律性?

（2）什么是心脏的正常起搏点、潜在起搏点和异位起搏点?

（焦金菊）

项目十六　期前收缩与代偿间歇的观察

【实验目的】

（1）学习在体标本的心搏曲线的记录方法。

（2）观察期前收缩与代偿间歇,以验证心肌兴奋性变化的特点。

【实验原理】

心肌组织具有兴奋性、自律性、传导性和收缩性四大生理特性。心肌细胞的动作电位是其兴奋性的本质表现。心肌兴奋后,其兴奋性要经历有效不应期、相对不应期和超常期等一系列周期性的变化,其特点是有效不应期特别长,约相当于整个收缩期和舒张早期。在此期间,任何强大的刺激均不能使心肌细胞产生动作电位。在舒张中晚期,正常节律性兴奋到达心室之前,给心脏施加有效刺激可引起一次扩布性兴奋和收缩,称为期前兴奋与期前收缩。期前兴奋也有自己的不应期,当下一次正常的节律性兴奋传至心室时,常常落在期前兴奋的有效不应期中,因而也不能引起心室的兴奋和收缩。这样,期前收缩后就会出现一个较长时间的舒张期,称为代偿间歇。

【实验对象】

实验对象为蟾蜍。

【实验器材及药品】

BL-420E$^+$生物机能实验系统,刺激输出线,刺激电极,张力换能器,蛙类手术器械,蛙心夹,缝合线,万能支台,双凹夹,小烧杯,棉球,搪瓷缸,任氏液等。

【实验步骤】

1. 蟾蜍心脏标本的制备

取蟾蜍一只,用探针破坏脑和脊髓后(注意要破坏完全),将蟾蜍仰卧固定在蛙板上。用剪刀剪开胸骨表面皮肤并沿中线剪开胸骨,可见心脏包在心包中。用小剪刀仔细剪开心包暴露心脏。参照图 4-15-1 识别静脉窦、心房和心室。

2. 连接实验装置

把张力换能器固定在万能支台上,换能器的输入端连接于 BL-420E$^+$生物机能实验系统 CH1 上。在心室舒张期将与张力换能器相连的蛙心夹夹在心尖上,张力换能器的连线应与地面垂直且松紧适宜。

3. 期前收缩与代偿间歇的观察

启动 BL-420E$^+$生物机能实验系统,从主菜单栏"实验项目(M)"的下拉式菜单栏中选择"循环实验(C)",再从其子菜单中选择"期前收缩与代偿间歇(2)"直接进入实验。可根据实验记录的波形调整增益(或软件放大/缩小按钮)和扫描速度,使蟾蜍心脏收缩曲线至最好观察形态。

将刺激电极固定在万能支台上。调整刺激电极和心脏标本,使刺激电极无论在收缩期或舒张期均能与心室良好接触。分别在心室收缩期和舒张期的早、中、晚期刺激心室(刺激方式:单刺激。刺激强度:3～5 V。波宽:1.0～2.0 ms),观察刺激能否引起期前收缩,出现期前收缩时,注意其后面是否有代偿间歇。

【注意事项】

(1) 在将刺激电极施加于蟾蜍心脏之前,先刺激其腹部肌肉以检查电刺激是否有效。

(2) 随时滴加任氏液于心脏表面,使其保持湿润。

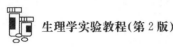

【分析与思考】

(1) 何谓期前收缩和代偿间歇？阐述其产生原因。

(2) 心肌的有效不应期长有何生理意义？

（焦金菊）

项目十七　蛙心灌流

【实验目的】

用离体蛙心灌流的方法观察钠、钾、钙三种离子和肾上腺素、乙酰胆碱、酸碱度对心脏活动的影响。

【实验原理】

心脏的自动节律性活动，需要有一个合适的理化环境。一旦适宜的环境被干扰或破坏，心脏的活动就会受到影响。心脏受自主神经支配，交感神经兴奋时，其末梢释放去甲肾上腺素使心肌收缩力增强，传导速度加快，心率加快，心输出量增多；而心迷走神经兴奋时，其末梢释放乙酰胆碱，使心肌收缩力减弱，心率减慢，心输出量减少。蟾蜍心脏离体后，用理化特性近似于其血浆的任氏液灌流，在一定时间内心脏可保持节律性收缩与舒张。改变灌流液的成分，心脏跳动的频率和幅度就会随之发生改变。

【实验对象】

实验对象为蟾蜍。

【实验器材及药品】

BL-420E$^+$生物机能实验系统，张力换能器，蛙心夹，蛙心插管，试管夹，缝合线，双凹夹，万能支台，蛙类手术器械，搪瓷缸，滴管两只，任氏液，0.65％氯化钠，1％氯化钾，3％乳酸，2.5％碳酸氢钠溶液，3％氯化钙，1∶10000 肾上腺素溶液，1∶10000 乙酰胆碱溶液等。

【实验步骤】

1. 离体蟾蜍心脏标本的制备（两线结扎法）

（1）取蟾蜍一只，破坏脑和脊髓。用粗剪刀剪开胸骨表面皮肤并沿中线剪开胸骨，用眼科剪刀仔细剪开心包膜，暴露心脏。

（2）在主动脉干下穿两条线备用，用玻璃分针或浸有任氏液的棉球将心尖翻向头端，暴露心脏背面，用上述备用线中的一条线将除主动脉以外的其他与心脏相连的血管全部结扎（注意不要结扎静脉窦），然后将心脏恢复正位。

（3）备用线中的另一条线打一松结备用，用眼科剪刀在松结线上方、动脉圆锥的根部剪一小斜口，将盛有少量任氏液的蛙心插管由此插入心室。插至动脉圆锥时，略向后退，在心室收缩时，沿心室后壁向下插，经主动脉瓣插入心室腔内。如果插管已插入心室，可见插管中液面随心搏而上下波动。如果插管后液面不动，可将插管旋转90°，以免插管口斜面贴在心室壁上阻塞管口。如果确定插管已插入心室，则将松结线扎紧，并固定在插管的侧管上，以防插管脱落。

（4）剪掉心脏周围组织，将带有插管的心脏游离出来。

（5）用吸管吸去蛙心插管内的血液，并用任氏液反复冲洗，以防血液凝固堵住插管。保持插管液面高度恒定（1~2 cm）。

2. 连接实验装置

用试管夹将蛙心插管固定在万能支台上，于心室舒张期将与张力换能器相连的蛙心夹夹住心尖。蛙心夹的连线应与插管中轴在同一直线上，即与地面垂直。张力换能器的输入端连接于 BL-420 E$^+$ 生物机能实验系统 CH1 上。

3. 观察项目

启动 BL-420E$^+$ 生物机能实验系统，从主菜单栏"实验项目（M）"的下拉式菜单栏中选择"循环实验（C）"后，再从其子菜单中选择"蛙心灌流（1）"直接进入实验状态。可根据实验记录的波形调整增益（或软件放大/缩小按钮）和扫描速度，使蛙心收缩曲线至最好观察形态。程序已将该实验所需的各项参数（信号采样通道、采样率、增益、时间常数、滤波和刺激参数等）设置好。如有必要也可按表 4-17-1 进行设置。

表 4-17-1　蛙心灌流实验参数设置参考

项　　目	采 样 参 数
通道选择	CH1～CH4(张力)
时间常数(T)	DC
滤波(F)	30 Hz
放大倍数(G)	50～100
扫描速度	2.00 s/div
采样率	100 Hz

（1）描记正常心搏曲线　观察正常心搏频率和强度以及心脏收缩、舒张程度。曲线的幅度代表心脏收缩的强弱;曲线的疏密代表心率;曲线的规律性代表心跳的节律性;曲线的基线代表心室舒张的程度。

（2）0.65％氯化钠的影响　吸出插管内全部的任氏液,换入 0.65％氯化钠,观察心脏收缩曲线变化。待效应明显后,立即吸出插管内的灌流液,用新鲜任氏液反复换洗数次,直至心脏收缩曲线恢复正常。

（3）3％氯化钙的影响　加 1～2 滴 3％氯化钙于插管内任氏液中,观察心脏收缩曲线的变化。

（4）1％氯化钾的影响　加 1～2 滴 1％氯化钾于插管内任氏液中,观察心脏收缩曲线的变化。

（5）肾上腺素的影响　加 1～2 滴 1:10000 肾上腺素溶液于插管内任氏液中,观察心脏收缩曲线的变化。

（6）乙酰胆碱的影响　加 1 滴 1:10000 乙酰胆碱溶液于插管内任氏液中,观察心脏收缩曲线的变化。

注意待上述每项操作效应明显后,立即吸出插管内灌流液,再用新鲜任氏液换洗数次,直至心脏收缩曲线恢复正常后再进行下一项操作。

（7）酸碱度的影响:加 1 滴 3％乳酸于插管内新鲜任氏液中,观察心脏收缩曲线的变化。待效应明显后,再加 2～4 滴 2.5％碳酸氢钠溶液于插管灌流液中,观察心脏收缩曲线的变化。

按表 4-17-2 记录并报告实验结果。实验结束后编辑实验记录,并打印蛙心收缩曲线。

表 4-17-2　蛙心灌流实验结果

顺　序	观 察 项 目	药　量	心肌收缩强度与心率
1	任氏液	灌流	
2	0.65%氯化钠	灌流	
3	3%氯化钙	1～2滴	
4	1%氯化钾	1～2滴	
5	1:10000 肾上腺素溶液	1～2滴	
6	1:10000 乙酰胆碱溶液	1滴	
7	3%乳酸	1滴	
8	2.5%碳酸氢钠溶液	2～4滴	

【注意事项】

（1）制备蟾蜍心脏标本时，勿伤及静脉窦。

（2）当每种化学药物作用已明显时，应立即将蛙心插管内液体吸出后更换新鲜任氏液数次，以免心肌受损。须待心跳恢复正常后才可进行下一个实验项目（但加乳酸后，等心跳变化明显时，立即加入碳酸氢钠溶液）。

（3）每次换液体时，蛙心插管内液面应保持相同高度。每次加入试剂后，可轻轻搅匀，使其迅速发挥作用。药物作用不明显时，可增加滴数。

（4）吸新鲜任氏液的吸管和吸蛙心插管内溶液的吸管要分开，不可混淆，以免影响实验效果。

（5）随时滴加任氏液于心脏表面，以使其保持湿润。

（6）固定张力换能器时应稍向下倾斜，以免自心脏滴下的液体流入张力换能器内。

【分析与思考】

（1）试分析各项实验结果产生的可能原因。

（2）试述影响心脏电生理特性的因素。

（焦金菊）

项目十八 人体动脉血压的测定

【实验目的】

（1）学习袖带法测定动脉血压的原理和方法。

（2）测定人体肱动脉的收缩压与舒张压。

（3）观察运动对人体血压和心率的影响。

【实验原理】

动脉血压是指流动的血液对动脉血管壁所施加的侧压强。在一个心动周期中，动脉血压随着心脏的射血与充盈不断变化。心室收缩动脉血压升高到的最高值为收缩压；心室舒张动脉血压下降到的最低值为舒张压。人体动脉血压测定的最常用方法是袖带法。它是利用袖带压迫动脉造成血管瘪陷，并通过听诊器听取由此产生的"血管音"来测量血压的。测量部位一般多在肱动脉。血液在血管内流动通畅时通常没有声音。但当血管受压变狭窄或时断时通、血液发生湍流时，则可发生所谓的"血管音"。用充气袖带缚于上臂加压，使动脉被压迫关闭。然后放气，逐步降低袖带内的压力。当袖带内的压力超过动脉收缩压时，血管受压，血流被阻断，此时听不到声音，也触不到远端的桡动脉脉搏。当袖带内的压力等于或略低于动脉收缩压时，有少量血液通过压闭区，在其远端血管内引起湍流，于此处用听诊器可听到血管音，并能触及脉搏，此时袖带内的压力即为收缩压，其数值可在压力表或水银柱读出。在血液间歇地通过压闭区的过程中一直能听到声音。当袖带内的压力等于或略低于舒张压时，血管处于通畅状态，失去了造成湍流的因素，使血管音突然减弱或消失，此时袖带内的压力即为舒张压。

机体在运动状态下血压升高，且以收缩压升高为主。运动时动脉血压的变化是受许多因素影响的综合结果。

【实验对象】

实验对象为人。

【实验器材及药品】

血压计,听诊器,手表等。

【实验步骤】

1. 熟悉血压计的构造

血压计有数种。常用的有水银式血压计、表式血压计和数字式血压计等。水银式血压计包括袖带、橡皮球和测压计三个部分。在使用时先驱净袖带内的空气,打开水银柱根部的开关。

2. 测定动脉血压

(1)受试者取端坐位,静坐 5 min,脱去一侧衣袖,前臂伸平,置于桌上,使上臂中段与心脏处于同一水平。

(2)实验者将袖带缚于受试者上臂,其下方距肘窝 2 cm,松紧度适宜。于肘窝处触及动脉脉搏,将听诊器的胸件放在此处。

(3)实验者一手轻压听诊器胸件,一手紧握橡皮球向袖带内充气,使水银柱上升到听不到"血管音"时,继续充气使水银柱继续上升 20 mmHg。随即松开橡皮球螺帽,缓慢放气,以降低袖带内压,在水银柱缓缓下降的同时仔细听诊。当突然出现"崩崩"样的声音(血管音)时,血压计上的水银柱刻度即代表收缩压。继续缓慢放气,这时声音发生一系列变化,先由低而高,再由高突然变低钝,然后则完全消失。在声音由强突然变弱的一瞬间,血压计上水银柱的高度即代表舒张压。

3. 观察运动对血压和心率的影响

(1)测定安静坐位状态下的血压(mmHg)和心率(次/分)。

(2)做快速下蹲运动 1 min,速度控制:男 40 次/分;女 30 次/分。

(3)分别测定运动后即刻、5 min 的血压和心率。

实验结束后,将本实验组同学的运动前、后的收缩压、舒张压和心率填于表4-18-1 中。

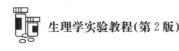

表 4-18-1　运动对动脉血压和心率的影响

姓名	年龄	运动前			运动后即刻			运动后 5 min		
		收缩压	舒张压	心率	收缩压	舒张压	心率	收缩压	舒张压	心率

【注意事项】

（1）室内要保持安静，以利于听诊。

（2）袖带不要绕得过紧或过松。上臂中段应与心脏同高；听诊器胸件放在肱动脉的位置上不能接触过紧或过松。

（3）动脉血压通常连续测 2～3 次，一般取两次较为接近的数值为准。重复测定时，须将袖带内的气体放尽，使压力刻度降至零位，而后再加压测量。

（4）如血压超过正常范围，让受试者休息 10 min 后再测量。

（5）注意正确使用血压计，开始充气时打开水银柱根部的开关，使用结束后应右倾 45°关上开关，以免水银溢出。

【分析与思考】

（1）何谓动脉血压、收缩压、舒张压、脉搏压和平均动脉压？其正常值各是多少？

（2）运动前后血压、心率有何变化？

（焦金菊）

项目十九　人体心电图描记

【实验目的】

学习人体心电图的描记方法，辨认正常心电图的波形并了解其生理意义。

【实验原理】

心脏发生兴奋时,首先出现膜电位变化。由窦房结发出的兴奋,按一定途径和时程,依次传向心房和心室,引起整个心脏的兴奋。每一个心动周期中,心脏各部分在兴奋过程中的电变化及其时间顺序、方向和途径等都有一定规律。这些电变化通过心脏周围组织和体液传导到全身。在体表安置引导电极,把这些电位变化记录下来所得到的心脏电变化曲线称为心电图。心电图是心脏兴奋的产生、传导和恢复过程中的生物电变化的反映,与心脏的机械收缩活动无直接关系。心电图在心搏起点的分析、传导功能的判断以及心律失常、房室肥大、心肌损伤的诊断上有重要价值。

【实验对象】

实验对象为人。

【实验器材及药品】

心电图机,导联线,棉球等。

【实验步骤】

1. 心电图描记的操作步骤

(1)接好心电图机的电源线、地线和导联线。打开电源开关,预热 3～5 min。

(2)受试者静卧于检查床上,放松肌肉。在手腕、足踝和胸前安放引导电极,接上导联线。为了保证导电良好,可在放置引导电极的部位涂少许水。导联线的连接方法是红色—右手,黄色—左手,绿色—左足,黑色—右足(接地),白色—心前。

(3)调整心电图机放大倍数,使 1 mV 标准电压推动描笔上移 10 mm。然后依次记录 Ⅰ、Ⅱ、Ⅲ、aVR、aVL、aVF、V_1、V_3、V_5 导联的心电图。

2. 心电图分析

(1)波幅的测量。当 1 mV 的标准电压使基线上移 10 mm 时,纵坐标每一小格(1 mm)代表 0.1 mV。测量波幅时,向上的波形,其波幅应从基线上缘测量至波顶的峰点;向下的波形,其波幅应从基线的下缘测量至波谷的底点。

（2）时间的测量。心电图纸的走速一般分为 25 mm/s 和 50 mm/s 两种。常用的是 25 mm/s,这时心电图纸上横坐标的每一小格(1 mm)代表 0.04 s。

（3）在心电图纸上辨认出 P 波、QRS 波群、T 波、P-R 间期和 Q-T 间期,进行下列项目的分析。

①心率的测定。测量相邻的两个心动周期中的 P-P 间隔时间或 R-R 间隔时间,按下列公式进行计算,求出心率。如心动周期之间的时间距离显著不等时可测五个心动周期的 P-P 间隔时间或 R-R 间隔时间,取平均值代入以下公式：

$$心率(次/分)=60/P-P 或 R-R 间隔时间(s)$$

②心律的分析。心律的分析包括：①主导节律的判定；②心律是否规则整齐；③有无期前收缩或异位节律出现。

窦性心律的心电图表现：P 波在 Ⅱ 导联中直立,aVR 导联中倒置,P-R 间期在 0.12 s 以上。如果心电图中最大的 P-P 间隔和最小的 P-P 间隔时间相差在 0.12 s 以上,称为窦性心律不规整或窦性心律不齐。成年人正常窦性心律的心率为 60～100 次/分。

【注意事项】

（1）描记心电图时,受试者应静卧,使全身肌肉放松,以避免肌电干扰。
（2）室内温度应以 22 ℃为宜,以避免低温引起肌紧张增强。
（3）电极和皮肤应紧密接触,防止干扰和基线漂移。

【分析与思考】

何谓心电图？试述心电图各波的意义。

（焦金菊）

项目二十　心音听诊

【实验目的】

结合触诊心尖搏动或颈动脉脉搏,了解和初步掌握心音听诊方法、正常心音的特点及其产生原因,为临床心音听诊奠定基础。

【实验原理】

心音是由心脏瓣膜关闭和心肌收缩引起的振动所产生的声音。用听诊器在胸壁前听诊,在每一心动周期内可以听到两个心音。第一心音:音调较低(音频为 25~40 次/秒)而历时较长(0.12 s),声音较响,是由房室瓣关闭和心室肌收缩振动所产生的。第一心音是心室收缩的标志,其响度和性质变化,常可反映心室肌收缩强弱和房室瓣的功能状态。第二心音:音调较高(音频为 50 次/秒)而历时较短(0.08 s),较清脆,主要是由半月瓣关闭产生振动造成的。第二心音是心室舒张的标志,其响度常可反映动脉压的高低。将听诊器置于受试者心前区的胸壁上,可直接听取心音。

【实验对象】

实验对象为人。

【实验器材及药品】

听诊器。

【实验步骤】

(1)受试者安静端坐,暴露听诊部位。

(2)实验者戴好听诊器,注意听诊器的耳件应与外耳道开口方向一致(向前)。以右手的食指、拇指和中指轻持听诊器胸件紧贴于受试者胸部皮肤上,按顺序依次听诊:二尖瓣听诊区→主动脉瓣听诊区→肺动脉瓣听诊区→三尖瓣听诊区。仔细听取心音,注意区分两个心音。现介绍临床常用的心音听诊区(图4-20-1)。

(1)二尖瓣听诊区 正常在心尖部,即左锁骨中线内侧第 5 肋间处。该处所听到的杂音常反映二尖瓣的病变。

(2)主动脉瓣听诊区 有两个听诊区,即胸骨右缘第 2 肋间及胸骨左缘第3、4 肋间处,后者通常称为主动脉瓣第二听诊区。主动脉瓣关闭不全的早期舒张期杂音常在主动脉瓣第二听诊区最响。

(3)肺动脉瓣听诊区 在胸骨左缘第 2 肋间,由肺动脉瓣病变所产生的杂音在该处听得最清楚。

(4)三尖瓣听诊区 在胸骨下靠近剑突,稍偏右或稍偏左处。

如难以区分两个心音,可同时用手指触诊心尖搏动或颈动脉脉搏,此时出现的心音即为第一心音。然后再从心音音调高低、历时长短认真鉴别两个心音的不同,直至准确识别为止。

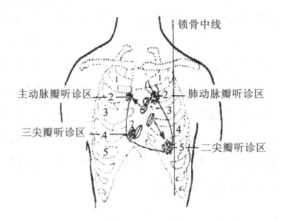

图 4-20-1　心脏各瓣膜在胸壁上的投影点及其听诊部位

【注意事项】

(1) 实验室内必须保持安静,以利于听诊。如呼吸音影响听诊,可令受试者暂停呼吸片刻。

(2) 听诊器耳件应与外耳道方向一致。橡皮管不得交叉、扭结,切勿与其他物品摩擦,以免产生摩擦音影响听诊。

【分析与思考】

第一心音和第二心音是怎样形成的? 它们有何临床意义?

(焦金菊)

项目二十一　心血管活动的神经体液调节

【实验目的】

本实验采用家兔颈动脉插管法,直接测量家兔动脉血压,观察神经和体液因素对心脏、血管活动的调节作用。

【实验原理】

心血管的活动是在神经和体液因素调节下进行的。各种内外感受器的传入信息经过心血管中枢的整合处理,通过调制交感和副交感神经的紧张性活动,而改变心输出量和外周阻力,使动脉血压得到调节。心交感神经兴奋时,其末梢释放去甲肾上腺素,作用于心肌细胞膜上的 β_1 受体,通过正性变力、变时和变传导作用,使心输出量增加;支配心脏的迷走神经兴奋时,其末梢释放乙酰胆碱,激活心肌细胞膜上的 M 受体,通过负性变力、变时和变传导作用,使心输出量减少。支配血管的交感缩血管神经兴奋时,通过末梢释放去甲肾上腺素,主要激活皮肤和内脏血管平滑肌细胞膜上的 α 受体,使平滑肌收缩,血管口径变小,外周阻力加大。

肾上腺髓质释放的肾上腺素和去甲肾上腺素是调节心血管活动的两种主要体液因素。肾上腺素对 α 和 β_1 受体都有激活作用,可使心跳加快、加强,心输出量增加;对血管的作用要看作用的血管壁上哪一种受体占优势。一般来说,在整体条件下,小剂量肾上腺素主要引起体内血液重新分配,对外周阻力影响不大。但大剂量的肾上腺素也可引起外周阻力升高。去甲肾上腺素主要激活 α 受体,引起外周阻力增大而升高血压。

【实验对象】

实验对象为家兔。

【实验器材及药品】

BL-420E$^+$ 生物机能实验系统,兔手术台,哺乳类动物手术器械,压力换能器,动脉插管,动脉夹,三通管,万能支台,双凹夹,刺激输出线,保护电极,玻璃分针,注射器(1 mL、5 mL、20 mL),头皮针,手术线,棉球,纱布,20%氨基甲酸乙酯溶液,肝素(1000 U/mL),1∶10000 去甲肾上腺素溶液,1∶10000 乙酰胆碱溶液,1∶10000 肾上腺素溶液,生理盐水等。

【实验步骤】

1. 麻醉与固定

家兔称重后,取 20%氨基甲酸乙酯溶液(5 mL/kg)从兔耳缘静脉缓慢注入。麻醉后将家兔背位固定于兔手术台上。

2. 动物手术

（1）颈部手术　剪去颈部兔毛（从甲状软骨到胸骨上缘间），沿颈部正中线切开皮肤 5~7 cm 长。用止血钳分离皮下组织和颈部肌肉，暴露气管。将气管上方的皮肤、肌肉拉开，即可在气管两侧见到透明的颈动脉鞘。

（2）分离动脉和神经　颈动脉鞘内含颈总动脉、迷走神经、交感神经及减压神经（图 4-21-1）。迷走神经最粗，交感神经较细，减压神经最细（如毛发粗细）。先不要打开颈动脉鞘，仔细辨认好三条神经，特别是减压神经，然后用玻璃分针打开右侧颈动脉鞘，沿神经走向先分离最细的减压神经，并穿两条细线备用；再分离迷走神经和颈总动脉，各穿一条线备用。

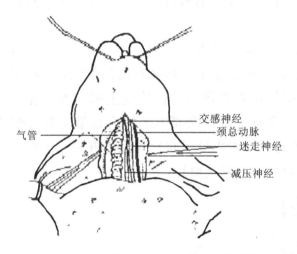

图 4-21-1　家兔颈部血管和神经解剖位置示意图

若右侧减压神经分离正确，则左侧可以只分离左侧颈总动脉，穿两条线以便动脉插管。每条神经和动脉分离出 2~3 cm，并穿不同颜色的线以便区分。

（3）体内抗凝　沿耳缘静脉注入肝素 1 mL/kg。

（4）动脉插管　在动脉插管内充满肝素，并用胶管把插管连接在压力换能器上的三通管上备用（注意插管内不要含有气泡）。将左侧颈总动脉远心端结扎，用动脉夹夹住该动脉的近心端，结扎处与动脉夹之间的距离要在 2 cm 左右。将近心端线打一个较松的结，用眼科剪刀在靠近远心端结扎处的动脉上做一个斜行切口，约剪开管径的一半。然后将动脉插管向心脏方向插入血管，将近心端打松结的线扎紧插管尖嘴部，再在插管中部打结固定。插好后应保持插管与动脉方向一致，以防插管刺破血管。手术部位用温热盐水纱布覆盖。

3. 实验装置连接

将压力换能器固定在万能支台上，其输入端连接到 BL-420E$^+$ 生物机能实验系统的 CH1 上。启动 BL-420E$^+$ 生物机能实验系统,从主菜单栏"实验项目(M)"的下拉式菜单栏中选择"循环实验(C)"后,再从其子菜单中选择"兔血压调节(7)"进入实验。打开压力换能器三通管上的开关,除去动脉夹,描记兔血压曲线。可根据血压记录曲线调整增益(或软件放大/缩小按钮)和扫描速度,使血压曲线至最好观察形态。

程序已将该实验所需的各项参数(信号采样通道、采样率、增益、时间常数、滤波和刺激参数等)设置好。如有必要可按表 4-21-1 进行设置。

表 4-21-1　兔血压调节实验参数设置参考

采 样 参 数	刺 激 参 数
信号采样通道　CH1~CH4(压力)	刺激方式　连续单刺激
采样率　100 Hz	波宽　1.0~2.0 ms
时间常数(T)　DC	刺激强度　2.0~3.0 V
滤波(F)　30 Hz	频率　30 Hz
放大倍数(G)　50~100	
扫描速度　1.0~2.0 s/div	

4. 观察项目

(1)描记正常血压曲线　动脉血压随心室的收缩和舒张而变化(图 4-21-2)。心室收缩时血压升高,心室舒张时血压下降,这种血压随心动周期的波动称为心搏波(一级波),与心率一致。此外,动脉血压也随呼吸运动而变化,吸气时血压先下降后上升,呼气时先上升后下降。这种波动称为呼吸波(二级波),与呼吸节律一致。有时还可以看见一种低频率的缓慢波动,称为三级波,其产生原因未完全清楚,可能与血管运动中枢紧张性周期性变化有关。

一级波　二级波

图 4-21-2　兔动脉血压曲线

(2)夹闭右侧颈总动脉　用动脉夹夹闭右侧颈总动脉 15 s,观察血压变化。

(3)牵拉颈总动脉残端　手持左侧颈总动脉远心端的结扎线,向心脏方向轻轻拉紧,然后有节奏地往复牵拉,持续 5~10 s,观察血压变化。

(4)刺激减压神经　用保护电极先刺激右侧完整的减压神经,观察血压变化。然后将备用的两条线在神经中部分别结扎,并于两结扎线间将神经剪断,用上述同样的电流分别刺激切断的减压神经中枢端(头侧端)与外周端(末梢端),观察血压各有何变化。

(5) 刺激迷走神经 将右侧迷走神经下的备用线结扎,于结扎线的头侧端将神经剪断,然后用保护电极刺激外周端(末梢端),观察血压变化。

(6) 注射肾上腺素溶液 从耳缘静脉注入 1:10000 的肾上腺素溶液 0.3 mL,观察血压变化。

(7) 注射去甲肾上腺素溶液 从耳缘静脉注入 1:10000 的去甲肾上腺素溶液 0.3 mL,观察血压变化。

(8) 注射乙酰胆碱溶液 从耳缘静脉注入 1:10000 的乙酰胆碱溶液 0.3 mL,观察血压变化。

5. 提交结果

提交实验结果曲线,并将实验结果填入表 4-21-2。

表 4-21-2 兔血压调节实验结果

顺序	观察项目	血压变化
(1)	正常血压曲线	
(2)	夹闭右侧颈总动脉 15 s	
(3)	牵拉左侧颈总动脉残端	
(4)	刺激右侧完整减压神经	
(5)	切断右侧减压神经,刺激其外周端	
(6)	刺激右侧减压神经中枢端	
(7)	切断右侧迷走神经,刺激其外周端	
(8)	静脉注射肾上腺素溶液 0.3 mL	
(9)	静脉注射去甲肾上腺素溶液 0.3 mL	
(10)	静脉注射乙酰胆碱溶液 0.3 mL	

【注意事项】

(1) 静脉注射麻醉药要缓慢,不能过量。

(2) 在整个实验过程中,须保持动脉插管与颈总动脉平行,以免刺破动脉。

(3) 必须待血压恢复平稳后,才能进行下一个项目的观察。

(4) 每次注射药物后,应立即用注射器注入 0.5 mL 生理盐水,以防药液残留在针头及局部静脉中,影响下一种药物的效应。

【分析与思考】

试述降压反射的过程及生理意义。

（焦金菊）

第五单元
呼吸系统实验

项目二十二　胸膜腔内压的测定

【实验目的】

（1）学习、掌握测量胸膜腔内压的方法。

（2）观察不同因素对胸膜腔内压的影响。

【实验原理】

胸膜腔内的压力称为胸膜腔内压。胸膜腔内压是由于肺的弹性回缩力造成的。吸气时，肺扩张导致肺的弹性回缩力增大，而呼气时肺缩小造成肺的弹性回缩力减小，所以平静呼吸时，胸膜腔内的压力可随吸气和呼气而升降，但由于始终低于大气压，故亦称为胸内负压。

胸膜腔内压作用于肺和胸腔内其他器官，维持肺的扩张状态，影响静脉血和淋巴液的回流。生理情况下，胸膜腔是密闭的，若因创伤或其他原因使胸膜腔与大气相通，胸膜腔密闭性被破坏后，外界空气进入胸膜腔形成气胸，胸膜腔内压就会消失，从而影响肺的扩张，导致呼吸困难。

【实验对象】

实验对象为家兔。

【实验器材及药品】

哺乳类动物手术器械一套,兔手术台,流量换能器,胸内套管(或粗的注射针头),20 mL 注射器和针头,橡皮管,BL-420E$^+$ 生物机能实验系统,20%氨基甲酸乙酯溶液,生理盐水等。

【实验步骤】

1. 动物麻醉与固定

家兔称重后,按 5 mL/kg 的剂量由耳缘静脉缓慢注射 20%氨基甲酸乙酯溶液麻醉动物,注射时应密切观察动物的肌张力、呼吸、角膜反射和痛反射。麻醉后,以五点(四肢及头部)固定方式将其背位固定于兔手术台上,并打开手术台底面电灯保温,将其颈部放正拉直。

2. 手术及连接装置

(1)剪去颈部和右侧胸部的毛,沿颈部正中切开皮肤及筋膜(长 5～7 cm),用止血钳钝性分离皮下软组织,暴露气管。在喉下将气管和食管分开,在气管下穿一根棉线,然后在甲状软骨下第 3、4 环状气管间做一个倒 T 形剪口,插入 Y 形气管插管(注意插管的斜面向上),结扎固定。

(2)在兔第 4、5 肋间及胸骨旁 4～6 cm 处沿肋缘切开皮肤 2～3 cm,分离皮下组织及表层肌肉,暴露肋间肌。将特制的胸内套管的箭头形尖端从肋骨上缘垂直刺入胸膜腔内,迅速旋转 90°并向外牵引,使箭头形尖端的后缘紧贴于胸廓内壁,将套管的长方形固定片与肋骨方向垂直,旋紧螺钉,使胸膜腔保持密闭而不致漏气。此时可见压力值下降至 0 kPa 以下,这表示胸膜腔内压低于大气压。也可用粗的穿刺针头代替胸内套管,将针头在第 5 肋骨上缘顺肋骨方向斜刺入胸膜腔内,插入的深度以压力值降至 0 kPa 以下并随呼吸而降升为止。用胶布将针尾固定于胸部皮肤上,以防针头移位或滑出。胸内套管或穿刺针头的尾端用硬质塑料管连至流量换能器,流量换能器的信号输出端与 BL-420E$^+$ 生物机能实验系统信号输入端相连,以测量和记录胸膜腔内压的变化。

3. 观察项目

启动计算机,进入 BL-420E$^+$ 生物机能实验系统操作界面。从"实验项目"选项中选择"呼吸实验"中的"压力实验",信号稳定后开始观察并记录。

(1)平静呼吸时胸膜腔内压 待家兔呼吸平稳后,观察并记录胸膜腔内压的数值,比较吸气时和呼气时的胸膜腔内压有何不同。

(2) 增大无效腔对胸膜腔内压的影响　将气管套管的一侧管上接一根短橡皮管后予以夹闭,在另一侧管上接一根长 50~100 cm 的橡皮管以增大呼吸的无效腔,使呼吸加深加快,观察深呼吸时胸膜腔内压的数值变化。比较此时的胸膜腔内压与平静呼吸时有何不同。

(3) 憋气的效应　在吸气末和呼气末分别堵塞或夹闭双侧气管套管,此时动物虽用力呼吸,但不能呼出或吸入外界空气,处于憋气状态。观察此时胸膜腔内压变动的最大幅度,呼气时胸膜腔内压是否可以高于大气压。

(4) 气胸及其影响　先从上腹部切开,将内脏下推,可观察到膈肌运动,然后沿右侧第 7 肋骨上缘切开皮肤,用止血钳分离肋间肌,造成 1 cm 的贯穿胸壁创口,使胸膜腔与大气相通而造成开放性气胸。观察肺组织是否萎缩,胸膜腔内压是否仍然低于大气压并随呼吸而降升。

(5) 封闭创口后变化　形成气胸后,再封闭贯穿胸壁的创口,并用注射器抽出胸膜腔内的空气,观察此时胸膜腔内压的变化。

【注意事项】

(1) 插入胸内套管时,切口不可太大,动作要迅速,以免空气漏入胸膜腔内。

(2) 用穿刺针检测胸膜腔内压时,不要插得过猛、过深,以免刺破肺组织和血管,造成气胸或出血过多。

(3) 如针头被阻塞时,可轻轻挤压橡皮管或轻动针头,避免刺破脏层胸膜。

【分析与思考】

(1) 平静呼吸时胸膜腔内压为什么始终低于大气压?

(2) 在胸壁贯穿而形成气胸时,胸膜腔内压和肺内压有何改变,为什么?

(李玉芳)

项目二十三　肺活量的测定

【实验目的】

学会单筒肺量计的使用方法及肺活量测定的方法。

【实验原理】

肺活量是指深吸气后,做一次最大的呼气所能呼出的气量,这代表肺一次通气的最大能力,在一定意义上反映了呼吸器官的潜在能力。一般地说,健康状况愈好的人肺活量愈大。从年龄上看,壮年人的肺活量最大,幼年和老年人都较小。在病理情况下,肺组织损害,如肺结核、肺纤维化、肺不张或肺叶切除达一定程度时,都可能伴有不同程度的肺活量减小;脊柱后凸、胸膜增厚、渗出性胸膜炎或气胸等,肺扩张受限,也都可使肺活量减小。因此,肺活量明显减小是限制性通气障碍的表现。测量肺活量,可判断健康人呼吸机能的强弱、某些呼吸机能减弱的性质和程度以及疾病恢复后的呼吸机能。肺活量有一定的差异,一般降低 20％以上才可以认为异常,如果一个人的肺活量仅为正常值的60％,则轻微的活动常会引起呼吸困难。

肺活量并不等于肺脏能够容纳的最大气体量,因为即使在用最大力呼气以后,肺仍留有 1500 mL 左右呼不出的气体,叫做余气量。这说明,肺内总保存有一定的气体,呼吸运动所造成的肺通气只能更换肺内的一部分气体而已。肺气肿患者由于肺泡弹性减低,余气增多,因而,每次呼吸所能更换的气体比例减少,使肺的通气功能受到影响,这时,胸廓经常处于一定程度的扩张状态,表现为桶状胸。

肺活量可作为评价肺功能的重要指标。由于肺活量的测定方法简单,重复性较好,故是健康检查常用的指标。

【实验对象】

实验对象为人。

【实验器材及药品】

75％酒精,棉球,单筒肺量计,BL-420E$^+$ 生物机能实验系统,呼吸流量探头,导管,吹嘴,鼻夹等。

【实验步骤】

1. FJD-80型肺量计的结构和使用方法

测量前先将外筒装水至水位表要求的刻度。打开氧气接头,使肺量计内装有一定量的空气,然后关闭氧气接头。转动三通管开关,使肺量计关闭,检查是否漏气。将已消毒好的橡皮吹嘴接在三通管上。

2. 仪器设置

启动 BL-420E⁺ 生物机能实验系统,从"实验项目"选项中选择"呼吸实验"中的"肺通气功能测定"项目,信号稳定后开始进行下一步操作。

3. 测定项目

(1)测量静态肺容量　受试者背向计算机显示器,闭目静坐,口中衔好用75%酒精消毒过的橡皮吹嘴,用鼻夹夹鼻;转动三通开关,使肺量计打开;用口平静呼吸外界空气,练习用口呼吸数分钟。打开慢速变速器开关和记录开关,即可进行肺通气量的测定。

①潮气量。测量并记录一次平静呼吸时吸入或呼出的空气的容量,此时所描记吸入或呼出曲线的幅值即为潮气量。重复测量3次,取平均值。

②补吸气量。测量并记录在一次平静吸气之后再用力吸气所吸入的空气的容量,平静吸气末以后描记曲线的幅值即为补吸气量。重复测量3次,取平均值。

③补呼气量。测量并记录在一次平静呼气之后再用力呼气所呼出的空气的容量,平静呼气末以后描记曲线的幅值即为补呼气量。重复测量3次,取平均值。

④肺活量。测量并记录在一次深吸气后再尽最大力量呼气所能呼出的最大呼气容量,此时描记曲线上下幅值之差即为肺活量。重复测量3次,取平均值。

(2)测量动态肺容量　用力呼气量(时间肺活量)的测定:让受试者口衔橡皮吹嘴,用鼻夹夹住鼻子,用口呼吸,记录3～4次平静呼吸后,令受试者做最大限度的吸气,再令其屏气1～2 s,并令受试者用最快的速度用力深呼气,直到不能再呼出气为止。实验结束后用分析软件计算出第1 s、第2 s和第3 s内呼出的气量,并计算出它们分别占肺活量的百分率,即为用力呼气量。表5-23-1为中国成年人用力呼气量的正常值。

表 5-23-1 中国成年人用力呼气量的正常值

时间	第 1 s 末	第 2 s 末	第 3 s 末
占肺活量的百分比	83.7%	96%	99%

（3）测量肺通气量

①每分通气量的测定。让受试者平静呼吸，记录 15 s 呼吸曲线，根据呼吸曲线计算 15 s 内呼出气（或吸入气）的总量，然后乘以 4 即为每分通气量。

②最大通气量的测定。受试者按测量口令在 15 s 内尽力做最深且最快的呼吸，记录呼吸气流量。根据呼吸曲线计算 15 s 内呼出气（或吸入气）的总量，然后乘以 4，即为每分钟最大通气量。

实验结束以后，使用 BL-420E$^+$ 生物机能实验系统的肺功能参数测定功能，分析测量呼吸波形参数。

【注意事项】

（1）保持室内安静，注意对橡皮吹嘴的消毒。

（2）每次使用肺量计前，应预先检查肺量计是否漏气、漏水，平衡锤的重量是否合适。

（3）肺量计中的水装得不能太少或太多，并使水温与室温相平衡。

（4）吹气时应防止从鼻孔或口角漏气。

【分析与思考】

（1）什么叫肺活量？测定肺活量的意义何在？

（2）如何评价肺容量和肺通气量？

知识链接

如何提高肺活量？

1. 坚持抬头挺胸直腰的正确姿势

在日常生活中，无论坐、站或走路，如能长期坚持挺胸抬头直腰的姿势，肺活量可增加 5%～20%，身体各组织获得的氧气量也随之增加。

2. 坚持参加适当的体育锻炼

根据自己年龄，选择 2～3 项体育锻炼项目，不可贪多求全，运动不可过度，而要量力而行，持之以恒，循序渐进。

3. 坚持参加适当的体力活动

根据年龄、性别和职业,参加体力活动,从事脑力劳动的人,也需要经常参加适当的体力活动。

4. 坚持每天做扩胸动作

先握紧拳头,然后向左右、上下、前后用力拉推伸展50次左右。同时做伸懒腰、活动颈椎10次。

5. 防止烟雾损害肺部

居室和工作、学习场所都要注意空气卫生,居室要常开窗户,促进空气流通,及时消除室内烟雾,吸烟者戒烟。

(李玉芳)

项目二十四　呼吸运动的调节

【实验目的】

(1) 掌握哺乳类动物呼吸运动的描记方法。

(2) 观察某些因素对动物呼吸运动的影响,加深理解呼吸运动的调节。

【实验原理】

正常的呼吸运动是一种自动节律活动,随机体活动水平而改变。当延髓吸气中枢兴奋时传出冲动达到脊髓引起支配吸气的运动神经元发生兴奋,发出神经冲动经膈神经和肋间神经传到膈肌和肋间外肌,引起吸气。这种起源于延髓呼吸中枢的节律性呼吸运动受到来自中枢和外周的各种感受器传入信息的反射调节,在这些反射调节中较重要的是化学感受性反射调节和机械感受性反射调节。当动脉血中氧分压、二氧化碳分压和氢离子浓度发生变化时,通过延髓腹外侧浅表部位的中枢化学感受器和外周化学感受器来调节呼吸运动。当肺扩张或萎陷时,通过气道平滑肌中的牵张感受器发出冲动经迷走神经到达延髓,反射性调节吸气和呼气的相互转换,称为肺牵张反射。对于某些动物(如家兔),肺牵张反射在其呼吸调节中起着重要的作用。

【实验对象】

实验对象为家兔。

【实验器材及药品】

BL-420E$^+$生物机能实验系统,哺乳类动物手术器械一套,兔手术台,Y 形气管插管,注射器(20 mL 两支、5 mL 一支),50 cm 长的橡皮管一条,盛有氮气和 CO_2 的气囊各一个,流量换能器,纱布,手术缝线,20%氨基甲酸乙酯溶液,3%乳酸,生理盐水等。

【实验步骤】

1. 手术

(1)动物麻醉与固定 家兔称重后,按 5 mL/kg 的剂量由耳缘静脉缓慢注射 20%氨基甲酸乙酯溶液麻醉动物,待麻醉后以五点(四肢及头部)固定方式将其背位固定于兔手术台上。

(2)气管插管 剪去颈部的兔毛,沿颈部正中切开皮肤及筋膜(长 5~7 cm),用止血钳钝性分离皮下软组织,暴露气管(图 5-24-1)。向肺部插入 Y 形气管插管,用手术棉线结扎固定。

(3)分离两侧迷走神经 用玻璃分针在两侧颈总动脉鞘内分离出迷走神经,在其下方穿棉线做一个标记备用,然后用温热盐水纱布覆盖以保护手术野。

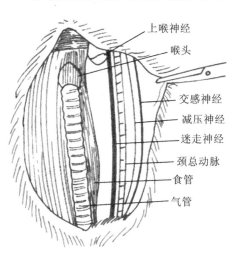

上喉神经
喉头
交感神经
减压神经
迷走神经
颈总动脉
食管
气管

图 5-24-1 家兔颈前部解剖位置示意图

2. 仪器的连接及参数的设定

用橡皮管将气管插管的一个侧管连于流量换能器,将流量换能器与 BL-420E⁺ 生物机能实验系统的 CH1 连接,启动 BL-420E⁺ 生物机能实验系统,从主菜单栏"实验项目(M)"的下拉式菜单栏中选择"呼吸实验(B)"后,再从其子菜单中选择"兔呼吸运动调节(2)"进入实验,描记呼吸运动曲线。可根据实验记录的波形调整增益(或软件放大/缩小按钮)和扫描速度,使兔呼吸曲线至最好观察形态。

3. 观察项目

(1)描记一段正常的呼吸运动曲线,作为对照,注意观察其频率、节律和幅度,辨认曲线的呼气相和吸气相。

(2)增加吸入气中 CO_2 浓度对呼吸运动的影响:将装有 CO_2 的气囊管口接近气管插管侧管外口处,相距 2~3 cm,并将装有 CO_2 的气囊管上的螺旋逐渐打开,让动物吸入含 CO_2 的气体,观察呼吸运动及呼吸曲线的变化。出现明显结果即可关闭装有 CO_2 的气囊管口。

(3)缺氧对呼吸运动的影响:将装有氮气的气囊管口接近气管插管侧管外口处,靠气囊本身内压力使氮气气体流出,以减少吸入的氧气量,观察呼吸运动及呼吸曲线的变化,出现明显结果即可关闭氮气气囊管口。

(4)增大无效腔对呼吸运动的影响:在气管插管的侧管开口端连接一根长50 cm 的橡皮管,使无效腔增大,观察呼吸运动及呼吸曲线的变化。呼吸发生明显变化后,去掉长橡皮管。

(5)血液酸度对呼吸运动的影响:由耳缘静脉注入 3% 乳酸 2 mL,观察呼吸运动及呼吸曲线的变化。

(6)迷走神经在呼吸运动中的作用:先切断一侧迷走神经,观察呼吸运动的变化,再切断另一侧迷走神经,观察呼吸运动及呼吸曲线的变化。

【实验结果】

根据实验记录曲线,将结果填入表 5-24-1 中,并写出实验报告。

表 5-24-1 呼吸运动的调节实验结果

实验项目	呼吸运动曲线	呼吸运动变化(频率、幅度)
1. 正常时		
2. 增大吸入气中 CO_2 浓度		
3. 缺氧		
4. 增大无效腔		
5. 静脉注射 3% 乳酸 2 mL		
6. 切断一侧迷走神经		
7. 切断两侧迷走神经		

【注意事项】

（1）插气管插管时要注意止血,使呼吸道畅通。

（2）每项观察,都应在上项实验结果恢复正常以后进行。

（3）增加吸入气中 CO_2 时不可过猛。当吸入 CO_2 对呼吸运动起明显变化时,应立即停止吸入。

（4）耳缘静脉注射 3% 乳酸时,要选择静脉远端,注意不要刺破静脉,以免乳酸外漏,引起动物挣扎躁动。

（5）麻醉剂量要适度,尽量使动物保持安静,以免影响结果。

（6）麻醉动物注意保温和观察一般情况,以防意外死亡。

【分析与思考】

（1）血中氧分压、二氧化碳分压和氢离子浓度的变化对呼吸有何影响？其作用机制是什么？

（2）为什么临床上易出现缺氧而不易发生二氧化碳潴留？

（3）迷走神经对维持正常节律性呼吸有何作用？

 资料卡片

动物麻醉效果的观察

动物的麻醉效果直接影响实验的进行和实验结果。如果麻醉过浅,动物会因疼痛而挣扎,甚至出现兴奋状态,呼吸、心跳不规则;麻醉过深可使机体反应性降低,甚至消失,更为严重的是抑制延髓的心血管中枢和呼吸中枢,使呼吸、心跳停止,导致动物死亡。因此,在麻醉过程中必须善于判断麻醉程度,观察麻醉效果。

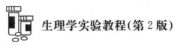

1. 呼吸

动物呼吸不规则,说明麻醉过浅,可追加一些麻醉药,若呼吸由不规则转变为规则且平稳,说明已达到麻醉深度;若动物呼吸变慢,且以腹式呼吸为主,说明麻醉过深,动物有生命危险。

2. 反射活动

主要观察角膜反射或睫毛反射。若动物的角膜反射灵敏,说明麻醉过浅;若角膜反射消失,说明麻醉程度合适。

3. 肌张力

动物肌张力亢进,一般说明麻醉过浅;全身肌肉松弛,说明麻醉合适。

4. 皮肤夹捏反应

麻醉过程中可随时用止血钳或有齿镊夹捏动物皮肤,若反应灵敏,则麻醉过浅;若反应消失,则麻醉程度合适。

总之,观察麻醉效果要仔细,上述指标要综合考虑,在静脉注射麻醉时还要边注入药物边观察。只有这样,才能获得理想的麻醉效果。

(李玉芳)

第六单元
消化系统实验

项目二十五　胃肠运动的神经体液调节

【实验目的】

（1）直接观察麻醉状态下家兔在体胃肠道的运动形式,加深对蠕动和分节运动的认识。

（2）观察在神经和体液因素的调节下,家兔的胃肠运动的变化。

【实验原理】

消化道平滑肌兴奋性较低,收缩缓慢并有自律性,但在完整机体内,消化系统内各器官的活动是密切配合的,它们活动的改变主要是在神经和体液因素的调节下实现的。

在神经调节方面:胃肠的活动会受到自主神经系统和内在神经系统的影响,其中支配胃肠的自主神经被称为外来神经,包括交感神经和副交感神经,通常情况下两者对同一器官的调节既相互拮抗又相互协调,但以副交感神经的作用占优势。交感神经活动时,其神经末梢会释放去甲肾上腺素,它可与存在于胃肠平滑肌上的肾上腺素能受体结合,从而使胃肠运动减弱;副交感神经活动时,其神经末梢会释放乙酰胆碱,它可与存在于胃肠平滑肌上的胆碱能受体结合,从而使胃肠运动加强。

胃肠的内在神经是由存在于食管至肛门管壁内的黏膜下神经和肌间神经丛组成的。内在神经丛的神经纤维把胃肠壁的各种感受器及效应细胞与神经元互相连接,起着传递感觉信息、调节运动神经元的活动和启动、维持或抑制效应系统的作用。目前认为,消化道管壁内的神经丛构成了一个完整的、相对独立的整合系统,在胃肠活动的调节中具有十分重要的作用。

在体液调节方面:胃肠的活动也会受到一些体液因素的影响,但体液因素对消化液分泌的调节更为显著。

【实验对象】

实验对象为家兔。

【实验器材及药品】

哺乳类动物手术器械,婴儿秤,兔手术台,电刺激器,保护电极,玻璃分针,纱布,烧杯,滴管,注射器,20％氨基甲酸乙酯溶液,1：10000 乙酰胆碱溶液,1：10000 肾上腺素溶液,阿托品,新斯的明,温热生理盐水等。

【实验步骤】

1. 手术操作过程

(1)称重、麻醉、固定　取家兔一只,称重,由耳缘静脉注射 20％氨基甲酸乙酯溶液(5 mL/kg),待家兔麻醉后,将其呈仰卧位固定在兔手术台上。

(2)颈部手术操作　剪去颈部的毛,沿颈中线做一个 5～7 cm 的皮肤切口。分离皮下组织及肌肉,暴露、分离气管。在气管的一侧,找出颈总动脉鞘,用玻璃分针分离出迷走神经,用丝线穿过其下方,打活结,备用。或从膈肌下方食管的末端用玻璃分针分离出迷走神经的前支,穿线备用。

(3)腹部手术操作

① 将腹部的毛剪去,自剑突下 0.5 cm 沿腹正中线切开腹壁 4～5 cm,并在切口两边缘正中位置,用止血钳夹住腹壁向外上方牵拉,充分暴露胃肠,在切口两侧敷以温热的生理盐水纱布。

② 找出并分离内脏大神经。用温热生理盐水纱布将小肠轻轻推向右侧,暴露左侧肾脏,在肾脏的上方近中线处(即肾脏右上方)找到粉红色黄豆大小的肾上腺,沿肾上腺向上可找到左侧内脏大神经(或在与肾上腺静脉成 45°角的方位寻找)。用玻璃分针分离出神经后,安置上保护电极,备用。

2. 实验项目的观察

(1)观察正常情况下胃肠运动状况,主要观察胃的蠕动、小肠的蠕动和分节运动,再用手指触摸胃肠以了解其紧张度。

（2）结扎并剪断颈部迷走神经,用中等刺激强度的电刺激连续刺激其外周端,观察胃肠运动的变化;或者用中等刺激强度的电刺激连续刺激膈下迷走神经,观察胃肠运动的变化。

（3）用连续电刺激($5\sim 10$ V,$30\sim 40$ Hz)刺激内脏大神经,观察胃肠运动的变化。

（4）在胃肠上直接滴加 1∶10000 肾上腺素溶液 $5\sim 10$ 滴,观察胃肠运动的变化。

（5）在胃肠上直接滴加 1∶10000 的乙酰胆碱溶液 $5\sim 10$ 滴,观察胃肠运动的变化。

（6）经耳缘静脉缓慢注射新斯的明 $0.2\sim 0.3$ mg,观察胃肠运动的变化。

（7）在新斯的明发生作用的基础上,经耳缘静脉缓慢注射阿托品 0.5 g,观察胃肠运动的变化。

【注意事项】

（1）实验前应给动物喂食。

（2）麻醉前抽取的药量要比实际计算的药量多一些,给药时要缓慢,并密切观察麻醉深度的指标,应尽量避免出现麻醉过浅影响实验进程或麻醉过深导致动物死亡。

（3）在手术操作过程中手法要轻柔,禁止粗暴操作,避免因出血而影响实验进行。

（4）为便于观察,可在腹部切口两侧用止血钳夹住腹壁,向外上方提起。

（5）用温热生理盐水为胃肠提供湿润环境,避免胃肠暴露时间过长而影响其运动,不利于实验项目的观察。

（6）每完成一个实验项目后,间隔数分钟后再进行下一个实验项目。

 资料卡片

应激性溃疡

应激性溃疡亦称萎缩性胃炎伴糜烂。本病的病因和发病原理尚未完全阐明。一般认为可能由于各种外源性或内源性致病因素引起黏膜血流减少或正常黏膜防御机制的破坏加上胃酸和胃蛋白酶对胃黏膜的损伤作用引起。应激性溃疡产生的主要原因是中枢神经系统兴奋性增高,引起胃黏膜屏障的损伤和胃黏膜糜烂。

一般说来,不管施行哪种手术,本病总体病死率都颇高,可达 35%～40%。因此应激性溃疡的预防重于治疗。全身性措施包括去除应激因素,纠正供血、供氧不足,维持水、电解质及酸碱平衡,及早给予营养支持,预防性应用制酸剂和抗生素的使用,以及控制感染等措施。局部性措施包括胃肠减压、胃管内注入硫糖铝等保护胃、十二指肠黏膜等。

【分析与思考】

（1）胃肠运动形式有何异同？

（2）如何理解自主神经对胃肠运动的影响？

（薛　红）

项目二十六　模拟实验——离体小肠平滑肌运动观察

【实验目的】

（1）掌握离体小肠平滑肌运动的模拟实验操作。

（2）深入理解小肠平滑肌运动的特点及影响因素。

【实验原理】

消化道平滑肌具有肌组织的共同特性,但这些特性的表现均有其自己的特点。消化道平滑肌的兴奋性较骨骼肌的低,其收缩的潜伏期、收缩期和舒张期所占的时间比骨骼肌的长得多,而且变化很大。消化道平滑肌在离体后,置于适宜的环境内,仍能进行良好的节律性运动,但其收缩很慢,节律性远不如心肌的规则。消化道平滑肌经常保持一种微弱的持续收缩状态,即具有一定的形状和位置,同平滑肌的紧张性有重要的关系。紧张性还可使消化道管腔内经常保持一定的基础压力。平滑肌的各种收缩活动也是在紧张性的基础上发生的,消化道平滑肌能适应实际需要做很大的伸展。消化道平滑肌对电刺激较不敏感,但对于牵张、温度变化和化学变化刺激则特别敏感,轻微的刺激常可引起强烈的收缩。

【实验对象】

实验对象为家兔。

【实验器材及药品】

离体肠肌运动模拟实验窗口,麦氏浴槽,离体小肠平滑肌,张力换能器,仿真二道记录仪,试剂架,试剂滴瓶,氢氧化钠,1:100000 乙酰胆碱溶液,25 ℃台氏液,1:100000 肾上腺素溶液,盐酸等。

【实验步骤】

(1) 打开离体肠肌运动模拟实验窗口。

(2) 鼠标点击麦氏浴槽放水口连接胶管上的螺丝夹,可使麦氏浴槽内的台氏液流出,将麦氏浴槽进水口连接胶管上的螺丝夹打开,正常台氏液流入麦氏浴槽内,达到冲洗、换液功能。

(3) 离体小肠平滑肌上端用棉线与张力换能器相连,适当调节张力换能器的高度,使标本与张力换能器的连线松紧度合适,正好悬挂在药液管中央,避免与药液管的管壁接触而影响实验结果。小肠平滑肌活动的频率和幅度可通过离体小肠平滑肌运动和张力换能器弹性悬臂梁的动画展现。

(4) 打开仿真二道记录仪,上线记录离体小肠平滑肌收缩曲线,收缩曲线基线表示小肠平滑肌紧张性的高低,收缩曲线的幅度表示小肠平滑肌收缩活动的强弱,下线记录实验项目标记。仿真记录仪面板设有灵敏度、位移、纸速、停止按钮,面板上还设有数字显示框,分别显示仿真二道记录仪上线灵敏度、肠肌收缩力、实验项目、实验时间。

(5) 试剂架上放置试剂滴瓶,鼠标左键点击某一药品或试剂瓶的滴头并拖动至麦氏浴槽上方释放,分别滴加如下试剂。

① 盐酸,观察并记录其收缩幅度,待反应稳定后换液冲洗。

② 氢氧化钠,观察并记录其收缩幅度,待反应稳定后换液冲洗。

③ 25 ℃台氏液,观察并记录其收缩幅度,待反应稳定后换液冲洗。

④ 1:100000 肾上腺素溶液,观察其反应,待反应稳定后换液冲洗。

⑤ 1:100000 乙酰胆碱溶液,观察其反应,记录反应结果。

【注意事项】

(1) 每次滴加药物之前均应换液冲洗。

（2）每项实验出现作用后，待小肠平滑肌恢复正常运动后再观察下一项目。

（3）严格遵守操作次序。

**资料卡片**

功能性便秘的生活治疗

便秘是一种常见症状，主要是指排便次数或便量减少、大便干结、排便费力等。功能性便秘为无器质性病因的便秘表现，其病因尚不明确，主要包括：进食量少或缺乏纤维素、水分不足、正常排便习惯受到干扰、结肠运动功能紊乱、腹肌及盆腔肌张力不足、泻药依赖、老年体弱、活动过少等。

针对以上常见病因，只需调整生活习惯，无需用药，即可纠正或改善大部分功能性便秘。

1. 纠正排便习惯

定时排便、戒烟酒；避免滥用药及排便抑制。

2. 提倡均衡饮食

适量增加膳食纤维、补充水分、补充 B 族维生素及叶酸、增加易产气食物、增加脂肪供给。

3. 适量的运动

以医疗体操为主，可配合步行、慢跑和腹部的自我按摩。

【分析与思考】

（1）为什么离体小肠具有自律性运动？

（2）消化道平滑肌的生理特性与骨骼肌、心肌的相比较有何特点？

（3）能够明显刺激小肠活动的因素有哪些？试分析这些因素与消化功能的关系。

（杨洪喜）

第七单元
尿的生成和排出实验

项目二十七　尿生成的影响因素

【实验目的】

观察某些因素对尿生成的影响，并分析其作用机制。

【实验原理】

尿生成的过程包括三个环节：肾小球的滤过，肾小管和集合管的重吸收，肾小管和集合管的分泌作用。凡是影响上述过程的因素都可以影响尿液的生成，从而引起尿量的变化。

【实验对象】

实验对象为家兔。

【实验器材及药品】

哺乳类动物手术器械一套，兔手术台，动脉插管，静脉插管，膀胱插管，输尿管插管，小号导尿管，液体石蜡，注射器(1 mL、20 mL)，培养皿，纱布，棉球，缝合线，头皮针，玻璃分针，动脉夹，三通管，20%氨基甲酸乙酯溶液，37 ℃生理盐水，20%葡萄糖溶液，1∶10000 去甲肾上腺素溶液，垂体后叶素，呋塞米，0.6%酚红溶液，10%氢氧化钠，肝素，尿糖试纸等。

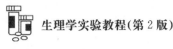

【实验步骤】

1．一般手术

将家兔称重后,从耳缘静脉注射20％氨基甲酸乙酯溶液5 mL/kg。待家兔麻醉后,将它背位固定在手术台上,剪去颈部和下腹部的毛。分离左侧颈总动脉、颈外静脉和迷走神经,并穿线备用。

2．收集尿液

可采用膀胱插管法、输尿管插管法或尿道插管法。

（1）膀胱插管法　在耻骨联合上方腹部正中做一个长2～3 cm的纵行皮肤切口,沿腹白线切开腹壁,将膀胱移出腹外。先辨认清楚膀胱和输尿管的解剖部位,然后在两侧输尿管下方穿一条线,用线结扎膀胱颈部阻断尿道的通路,以免刺激膀胱时尿液流失。选择膀胱顶部血管较少的部位用连续缝线做荷包缝合,在缝合中心用眼科剪刀剪一个小口（膀胱壁全层剪开）,插入膀胱插管,收紧缝线以关闭膀胱切口,使膀胱插管尿液流出口处低于膀胱水平,用培养皿接由膀胱插管流出的尿液,手术完毕后,用热生理盐水纱布覆盖腹部创口。

（2）输尿管插管法　在耻骨联合上方腹部正中做一个长4～8 cm的纵行皮肤切口,沿腹白线切开腹壁,在膀胱找到输尿管。用玻璃分针分离输尿管2～3 cm,在近膀胱端结扎,并在其上方另穿一根线,打一活结。稍等片刻,待输尿管略充盈后,用眼科剪刀剪一个小切口,向肾方向插入输尿管插管（管内事先充满生理盐水）,结扎固定。

（3）尿道插管法　本法适用于雄性家兔。取小号导尿管,用少量液体石蜡涂擦其表面后,直接由尿道外口插入,深度以尿液流出为宜。

3．颈总动脉插管

颈总动脉插管用于动脉放血,方法同兔血压调节实验。

4．颈外静脉插管

颈外静脉插管用于静脉注药（也可不做,由耳缘静脉给药）。颈外静脉位于颈部两侧皮下、胸锁乳突肌的外缘,壁薄,口径较粗,分离时应细心,勿使用锐器,分离出1.5～2.5 cm长,穿两条线备用。插管时,先用动脉夹夹住静脉的近心端,待静脉充盈后,再结扎远心端。用眼科剪刀在静脉远心端结扎线处,剪一个45°小口（管径的1/3或1/2）并插入静脉插管。用已穿好的线打一松结,取下动脉夹,将导管送入2 cm左右长度,再将松结线结扎好。将连接在静脉插管上的输液管以 10 滴/分的速度缓慢输液,以防凝血。

5. 观察项目

(1) 记录正常尿量(滴/分)。

(2) 静脉快速注射 37 ℃生理盐水 20～40 mL,观察尿量的变化。

(3) 静脉注入 1∶10000 去甲肾上腺素溶液 0.5 mL,观察尿量的变化。

(4) 用尿糖试纸蘸取尿液进行尿糖定性试验,然后静脉注入 20％葡萄糖溶液 5～10 mL,观察尿量的变化。在尿量明显增多时,再做一次尿糖定性实验。

(5) 静脉注入 0.6％酚红溶液 0.5 mL,用盛有 10％氢氧化钠的培养皿接取尿液。如果尿中有酚红排出,遇氢氧化钠则呈现红色。计算从注射酚红起到尿中排出酚红所需的时间并记录。

(6) 静脉注入垂体后叶素(ADH)2 U,观察尿量的变化。

(7) 静脉注入呋塞米(速尿)0.5 mL/kg,观察尿量变化。

(8) 从颈总动脉插管放血 20 mL,观察尿量变化。

【实验结果】

整理各项实验中尿量的数据,填入表 7-27-1 中,分析并讨论实验结果。

表 7-27-1　家兔尿生成的影响因素实验结果

实验项目	尿量(滴/分)		尿量变化
	给药前	给药后	
1. 静脉快速注射 37 ℃生理盐水 20～40 mL			
2. 静脉注入 1∶10000 去甲肾上腺素溶液 0.5 mL			
3. 静脉注入 20％葡萄糖溶液 5～10 mL			
4. 静脉注入垂体后叶素 2 U			
5. 静脉注入呋塞米 0.5 mL/kg			
6. 从颈总动脉插管放血 20 mL			

【注意事项】

(1) 实验前应给家兔多食菜叶。

(2) 本实验需多次静脉给药,应从三通管处注入药液,注药后立即接通输液管。

(3) 手术过程中操作应轻柔,尽量避免不必要的损伤和出血,以防止损伤性尿闭。腹部切口不可过大,剪开腹膜时应避免损伤内脏,勿使胃肠外露。

(4) 观察结果时间一般为 3～5 min 后,有的项目(如静脉注入呋塞米)可在

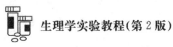

5 min 以后开始观察。

（5）进行各项实验之前应记录尿量作为对照。每项实验之后待药物作用基本消失后,再做下一项实验。

（6）尿糖定性实验方法:将尿糖试纸的纸片部浸入尿液中 2 s,取出后在 60 s 内与试纸包装上的标准色板对照,判定结果。

【分析与思考】

（1）尿是如何生成的?

（2）影响尿生成的因素有哪些及是如何影响的?

（李伟红　宝东艳）

第八单元

感觉器官实验

项目二十八 视力的测定

【实验目的】

学习使用视力表测定视力的原理和方法。

【实验原理】

视敏度(视力)是指眼分辨物体精细结构的能力,通常以能分辨两点间最小视角为衡量标准。临床规定,当视角为 1 分时的视力为正常视力。人眼一般所能看清的最小视网膜像的大小,大致相当于视网膜中央凹处一个视锥细胞的平均直径。视力表是依据视角的原理设计的。目前我国规定视力测定采用标准对数视力表(5 m 距离两用式)。受试者视力可用小数记录或 5 分记录。两者的推算公式如下:

$$视力(V,用小数记录)=\frac{受试者辨认某字的最远距离}{正常人辨认该字的最远距离}$$

$$视力(L,用 5 分记录)=5-\lg a'(视角)$$

视力表上的每行字旁边的数字即依上式推算出来的,表示在距表 5 m 处能辨认该行的视力。如受试者在距表 5 m 处能辨认第 10 行的"E"字,该"E"字每一笔画两边发出的光线在眼的节点处恰好形成 1 分视角。受试者视力:$V=5/5=1$ 或 $L=5-\lg 1=5$

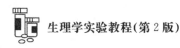

【实验对象】

实验对象为人。

【实验器材及药品】

视力表(距受试者 5 m),指示棒,遮眼板,米尺等。

【实验步骤】

(1) 将视力表挂在光线均匀而充足的场所,受试者站立或坐在距表 5 m 远的地方。

(2) 受试者自己用遮眼板遮住一眼,用另一眼看视力表,按实验者的指示说出视力表上字母开口的方向。先从表上端的大字或图形开始向下测试,直至受试者所能辨认清楚的最小的字行为止。依照表旁边所注的数字来确定其视力。若受试者对最上一行字也不能辨认清楚,则需令受试者向前移动,直至能辨认清楚最上一行字为止。测量受试者与视力表的距离,再按上述公式推算出视力。

(3) 用同样的方法检查另一眼的视力。

【注意事项】

视力表上的第 10 行字与受试者眼睛应在同一高度。

【分析与思考】

(1) 若距离不变时,人的视力与他所能看清的最小的字或图形的大小有什么关系?若字或图形的大小不变时,人的视力与他能看清的字所需要的最远距离的大小有什么关系?

(2) 视角的大小与视力有什么关系?

(焦金菊)

项目二十九　视　野　测　定

【实验目的】

学习测定视野的方法,并测出正常人白色、黄色、红色、绿色各色视野。

【实验原理】

视野是单眼固定注视正前方一点时所能看到的空间范围。测定视野有助于了解视网膜、视觉传导和视觉中枢的功能。

【实验对象】

实验对象为人。

【实验器材及药品】

视野计,各色(白色、红色、黄色、绿色)视标,视野图纸,铅笔,遮眼板等。

【实验步骤】

(1)熟悉视野计的结构和使用方法。

(2)将视野计对着充足的光线放好,受试者下颌放在托颌架上,眼眶下缘靠在眼眶托上,调整托颌架的高度,使眼与弧架的中心点位于同一水平面,一眼凝视弧架的中心点,另一眼遮住。

(3)转动半圆弧使其呈垂直位,实验者在 0°的一边,从周边向中央慢慢移动白色视标,移到受试者刚能看到白色视标时记下视标所在处度数;再重复一次,求平均值,然后画在视野图纸上。采用同样方法,测出 180°的一边的视野值,并画在视野图纸上(图 8-29-1)。

(4)依次转动半圆弧,每移动 45°测定一次,共操作 4 次,在视野图纸上得出 8 个点,依次连接起来,即成白色视野范围。

(5)同法测定红色、黄色、绿色三色的视野,画在同一视野图纸上(画时用不同形式的线条表示出各色视野的范围)。

(6)依同样方法测定另一眼的视野。

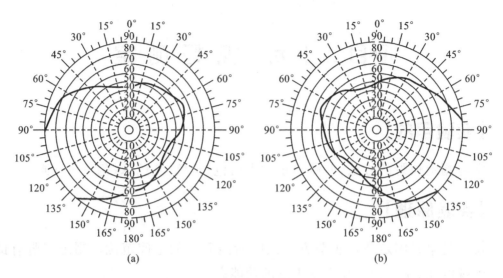

图 8-29-1　视野图纸

【注意事项】

（1）一般检查时不戴眼镜,戴眼镜可因镜框遮挡而影响视野。头位不正也可影响视野大小。

（2）测定一种颜色的视野后,要休息 5 min,再测另一种颜色的视野,以免眼睛疲劳造成误差。

【分析与思考】

白色、红色、黄色、绿色视野的大小有何不同?

（焦金菊）

项目三十　盲 点 测 定

【实验目的】

学习盲点的测定方法。

【实验原理】

视神经自视网膜穿出的部位没有感光细胞,外来的光线成像于此处时,不能引起视觉。因此,将这个部位称为盲点。我们可以根据物体成像的规律,从盲点的投射区域找出盲点所在的位置和范围。

【实验对象】

实验对象为人。

【实验器材及药品】

白纸,铅笔,小黑色目标物,尺,遮眼板等。

【实验步骤】

(1) 取白纸一张贴在墙上,使受试者立于纸前,用遮眼板遮住一眼,在白纸上和另一眼相平的地方画一"十"字,使眼与"十"字的距离为 50 cm。请受试者注视"十"字。实验者将小黑色目标物由"十"字开始慢慢向外移动,到受试者刚看不见目标物时,就把目标物所在的位置记下来。然后将目标物慢慢向外移动,到它刚又被看见时,再记下它的位置。由所记下的两个记号的中点起,沿着各个方向移动目标物,找出并记下目标物能被看见和看不见的交界点。将所记下来的各点依次连接起来,可以形成一个大致呈圆形的圈。此圈所包括的区域即为盲点投射区(图 8-30-1)。

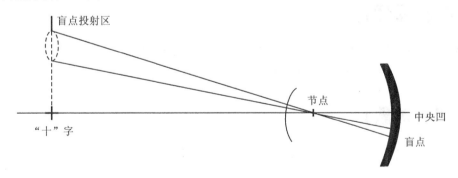

图 8-30-1　盲点的投射和盲点直径计算原理示意图

(2) 依据相似三角形各对应边成比例的定理,计算出盲点与中央凹的距离和盲点的直径。参考图 8-30-1 及下列公式:

$$\frac{盲点与中央凹的距离}{盲点投射区与"十"字的距离} = \frac{节点至视网膜的距离(15\ mm)}{节点至白纸的距离(500\ mm)}$$

盲点与中央凹的距离(mm)＝盲点投射区与"十"字的距离×(15/500)

$$\frac{盲点的直径}{盲点投射区的直径} = \frac{节点至视网膜的距离(15\ mm)}{节点至白纸的距离(500\ mm)}$$

盲点的直径＝盲点投射区的直径×(15/500)

【注意事项】

受试者眼不能跟着小黑色目标物移动,一定要自始至终注视"十"字标记。

【分析与思考】

为何正常人视物时并不感到有盲点的存在?

(焦金菊)

项目三十一　声音的传导途径

【实验目的】

了解和初步掌握临床上常用的鉴别传导性耳聋与神经性耳聋的实验方法与原理。

【实验原理】

敲响音叉,先后将音叉分别置于颅骨及外耳道口处,证明与比较声音的两种传导途径——空气传导与骨传导。

【实验对象】

实验对象为人。

【实验器材及药品】

音叉(频率为 256 次/秒或 512 次/秒),棉球等。

【实验步骤】

1. 比较同侧耳的空气传导和骨传导(任内试验)

(1) 室内保持肃静,受试者取坐位。实验者敲响音叉后,立即将音叉柄置于受试者一侧颞骨乳突部。此时,受试者可听到音叉响声。以后随时间延长,声音逐渐减弱。

(2)当受试者刚刚听不到声音时,立即将音叉移至其外耳道口,则受试者又可重新听到响声。反之,先置音叉于外耳道口处,当听不到响声时再将音叉移至乳突部,受试者仍听不到声音。这说明正常人空气传导时间比骨传导时间长,临床上称为任内试验阳性(+)。

(3)用棉球塞住同侧耳孔,重复上述实验步骤,则空气传导时间缩短,等于或小于骨传导时间,临床上称为任内试验阴性(-)。

2. 比较两耳骨传导(魏伯试验)

(1)将发音的音叉柄置于受试者前额正中发际处,令其比较两耳的声音强度。正常人两耳声音强度相同。

(2)用棉球塞住受试者一侧耳孔,重复上项操作,询问受试者声音偏向哪一侧。

【注意事项】

(1)敲响音叉时,用力不要过猛,低频音叉(256 次/秒)将其叉臂的前 1/3 放于手掌鱼际部,中频音叉(512 次/秒)则放于髌骨为宜。切忌在坚硬物体上敲打,以免损坏音叉。

(2)音叉放在外耳道口时,应使振动方向正对外耳道口。注意音叉柄勿触及耳廓或头发。

【分析与思考】

试述声音的传导途径。

(焦金菊)

项目三十二 动物一侧迷路破坏的效应

【实验目的】

观察破坏豚鼠一侧迷路后对机体平衡功能的影响。

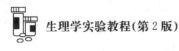

【实验原理】

内耳迷路中的前庭器官是感受头部空间位置与运动的感受器,通过它可反射性地影响肌紧张,从而调节机体的姿势与平衡。破坏或消除前庭器官的功能,机体的肌紧张协调发生障碍,动物失去维持正常姿势与平衡的能力。

【实验对象】

实验对象为豚鼠。

【实验器材及药品】

滴管,氯仿等。

【实验步骤】

(1) 先观察动物的正常姿势、行走状态和有无眼球震颤。

(2) 使动物侧卧,提起上侧耳廓,用滴管向外耳道深处滴入氯仿 2～3 滴。握住动物使之侧卧不动,大约 10 min 后,将出现眼球震颤。若握住它的后肢将它提起来,则其头和躯干皆弯向消除迷路功能的那一侧。如任其自由活动,可见动物向消除迷路功能的那一侧做旋转运动或翻滚。

【注意事项】

氯仿是一种高脂溶性麻醉剂,给豚鼠外耳道滴氯仿的量不宜过多,以免造成动物死亡。

【分析与思考】

为什么破坏动物一侧迷路后,其头及躯干皆偏向迷路被破坏的一侧?

(焦金菊)

第九单元
神经系统实验

项目三十三　反射弧的分析

【实验目的】

（1）分析屈肌反射弧的组成部分。

（2）探讨反射弧的完整性与反射活动的关系。

【实验原理】

在中枢神经系统参与下，机体对内、外环境变化所作出的规律性应答称为反射（reflex）。反射活动的结构基础是反射弧，它一般包括感受器、传入神经、神经中枢、传出神经和效应器五部分。反射弧中任何一个部分的解剖结构和生理完整性受到破坏，反射活动就无法完成。

【实验对象】

实验对象为蟾蜍或蛙。

【实验器材及药品】

蛙类手术器械，铁支架，铁夹，电刺激器，刺激电极，棉球，纱布，培养皿，烧杯，1%硫酸溶液，任氏液等。

【实验步骤】

1. 脊蛙的制备

取蟾蜍或蛙一只,用粗剪刀横向伸入口腔,从两侧口裂剪去上方头颅,保留下颌部分。以棉球压迫创口止血,然后用铁夹夹住下颌,悬挂在铁支架上。此外,也可用探针由枕骨大孔刺入颅腔捣毁脑组织,用一个小棉球塞入创口止血制备脊蛙。

思考:此脊蛙和实验制备坐骨神经-腓肠肌标本的蛙有何不同?

提示:前者称为脊蛙,后者称为双重脊髓破坏蛙,试比较它们的不同。

2. 观察反射弧的完整性与反射活动的关系

(1)观察屈肌反射:用培养皿盛 1‰硫酸溶液,将蟾蜍左侧后肢的趾尖浸于硫酸溶液中(深入的范围一致),观察屈肌反射(在脊动物的皮肤接受伤害性刺激时,受刺激一侧的肢体出现屈曲反应,关节的屈肌收缩而伸肌弛缓,称为屈肌反射)有无发生,然后用烧杯盛自来水洗去皮肤上的硫酸溶液,再用纱布轻轻擦干。

(2)剥掉足趾皮肤再观察屈肌反射:在左侧后肢趾关节上方皮肤做一个环状切口,将足部皮肤剥掉(趾尖皮肤应除干净),重复步骤(1),观察结果。

(3)刺激右侧趾尖:按步骤(1)的方法以 1‰硫酸溶液刺激右侧趾尖,观察反射活动。

(4)剪断神经:在右侧大腿背侧剪开皮肤,在股二头肌和半膜肌之间分离找出坐骨神经,在其下方穿两条线并结扎,在两结扎线间剪断神经。重复步骤(3),观察结果。

(5)连续电刺激右侧坐骨神经中枢端,观察反应。

(6)以探针捣毁蟾蜍或蛙的脊髓后,重复步骤(5)。

(7)刺激坐骨神经外周端,观察反应。

(8)直接刺激右侧腓肠肌,观察其反应。

【注意事项】

(1)剪颅脑部位应适当。太高则使部分脑组织保留,可能会出现自主活动;太低则伤及上部脊髓,可能使上肢的反射消失。

(2)浸入硫酸溶液的部位应限于趾尖,勿浸入太多,且浸入的时间、范围要一致。

（3）每次用硫酸溶液刺激后，均应迅速用烧杯盛自来水洗去皮肤上的硫酸溶液，以免皮肤损伤。洗后再用纱布轻轻擦干，防止再刺激时冲淡硫酸溶液。

（4）趾尖皮肤应去除干净，以免影响实验结果。

【分析与思考】

（1）何为屈肌反射？本实验屈肌反射的反射弧包括哪些具体组成部分？

（2）结合实验原理，分析各项实验结果。分析其机制是什么？

（倪月秋）

项目三十四 反射中枢活动特征的观察

【实验目的】

（1）掌握反射时的测定方法，了解刺激强度和反射时的关系。

（2）以蟾蜍的屈肌反射为指标，观察脊髓反射中枢活动的某些基本特征，并分析其可能的发生机制。

【实验原理】

在中枢神经系统的参与下，机体对内、外环境的变化所作出的规律性应答称为反射。较复杂的反射需要由中枢神经系统较高级的部位整合才能完成，较简单的反射只需通过中枢神经系统较低级的部位就能完成。将动物的高级中枢切除，仅保留脊髓的动物称为脊动物。由于脊髓已失去了高级中枢的正常调控，所以反射活动比较简单，以便于观察和分析反射过程的某些特征。

完成一个反射所需要的时间称为反射时（reaction time）。反射时除与刺激强度有关外，还与反射弧在中枢交换神经元的多少及有无中枢抑制（central inhibition）存在有关。由于中间神经元联系的方式不同，反射活动的范围和持续时间也不同。

【实验对象】

实验对象为蟾蜍。

【实验器材及药品】

蛙类手术器械,铁支架,铁夹,电刺激器,刺激电极,秒表,棉球,滤纸,纱布,培养皿,烧杯,0.1%硫酸溶液,0.3%硫酸溶液,0.5%硫酸溶液,1%硫酸溶液,任氏液,滴管等。

【实验步骤】

1. 制备脊蛙

参见项目三十三。

2. 脊髓反射的基本特征

(1)搔扒反射 将浸有1%硫酸溶液的小滤纸片(约1 cm×1 cm)贴在蟾蜍的下腹部,可见四肢向此处搔扒,直到除掉滤纸片。之后将蟾蜍浸入盛有清水的烧杯中,再用纱布轻轻擦干。

(2)反射时的测定 在培养皿内盛装适量的0.1%硫酸溶液,将蟾蜍一侧后肢的一个脚趾浸入硫酸溶液中,同时按动秒表开始记录时间,当屈肌反射一出现,立刻停止计时,并立即将该足趾浸入盛有清水的烧杯中浸洗数次,然后用纱布轻轻擦干。此时秒表所示时间为从刺激开始到反射出现所经历的时间,称为反射时。用上述方法重复三次,注意每次浸入趾尖的深度要一致,相邻两次实验间隔至少要2 min。三次所测时间的平均值即为此反射的反射时。然后在培养皿中分别换以0.3%硫酸溶液、0.5%硫酸溶液和1%硫酸溶液再重复上述测定,比较四种浓度硫酸溶液所测的反射时是否相同。

(3)反射的扩散和后发放 将一个电极放在蟾蜍的足面皮肤上,先给予弱的连续阈上刺激观察发生的反应,然后依次增加刺激强度,观察每次增加刺激强度所引起的反应范围是否扩大,同时观察反应持续时间有何变化,并以秒表计算自刺激停止起到反射动作结束之间共持续多少时间。比较弱刺激和强刺激的结果有何不同。

(4)总和的测定 将两个刺激电极均连接刺激器的输出端,然后用单个电刺激找出引起屈肌反射的阈值。

①空间总和:分别用略低于阈值的阈下刺激进行单个电刺激时均不能引起反应,然后在此强度用两个刺激电极同时刺激足背相邻两处皮肤(距离不超过0.5 cm),观察是否出现屈肌反射。

②时间总和:用一个刺激电极,仍用上述阈下刺激,连续刺激后肢同一部位

皮肤(刺激频率为 32 Hz),观察结果如何。

(5)反射的抑制 测定反射时后,用止血钳夹住一侧前肢,给一个较强的刺激,待动物安静后再测反射时,观察其有无延长。

【注意事项】

(1)施加电刺激时,要区别是通过皮肤刺激了传出神经或肌肉引起的局部反应,还是引起的反射性反应。

(2)当用酸刺激出现反应后,应立即用水将酸洗除,以免损伤皮肤,影响实验。在每次刺激之间,应隔 2～3 min,以防止互相影响。

【分析与思考】

(1)分别用两种不同浓度的硫酸溶液进行刺激时,所引起的反射时有何变化?为什么?

(2)在记录反射时的时候,为什么每次记录的反射时不同?是延长了还是缩短了?试分析原因。

(3)从突触传递、中枢神经元之间的联系方式和中枢抑制等理论,解释脊髓反射的总和、扩散、后发放、抑制等现象的发生机制。

(倪月秋)

项目三十五 大脑皮质运动区的定位及去大脑僵直

大脑皮质运动区的定位

【实验目的】

本实验的目的是通过电刺激大脑皮质(cerebral cortex)运动区引起躯体运动效应,观察大脑皮质运动区与肌肉运动的定位关系,进一步领会大脑皮质运动区对躯体运动的调节作用。

【实验原理】

大脑皮质运动区是调节躯体运动机能的高级中枢。它通过锥体系和锥体

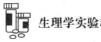

外系下行通路,控制脑干和脊髓运动神经元的活动,从而控制肌肉运动。电刺激大脑皮质不同部位,能够引起躯体特定肌肉发生收缩。

【实验对象】

实验对象为家兔。

【实验器材及药品】

哺乳类动物手术器械,颅骨钻,咬骨钳,电子刺激器,银丝电极,兔手术台,家兔头固定器,脱脂棉,纱布,丝线,骨蜡或明胶海绵,0.9%生理盐水,20%氨基甲酸乙酯溶液,烧杯,棉球,注射针头等。

【实验步骤】

1. 麻醉与固定

给家兔称重,用20%氨基甲酸乙酯溶液(按2.5~3.5 mL/kg的剂量)从耳缘静脉注入。进行半量麻醉后,将家兔俯卧固定于兔手术台上。

2. 开颅暴露大脑皮质

(1)剪掉颅顶上的毛,沿头部正中线,由两眉间至头后部切开皮肤,再用刀柄紧贴颅骨刮去骨膜,暴露颅骨缝标志。在冠状缝后、矢状缝旁开0.5 cm处用颅骨钻在一侧钻孔开颅,并用咬骨钳逐渐将孔扩大,尽量充分暴露一侧大脑半球的后部。若有出血,可用纱布吸去血液后迅速应用骨蜡止血,皮质表面血管出血用明胶海绵止血。在接近颅骨中线和枕骨时,注意不要伤及矢状窦,以免大出血。

(2)在裸露的大脑皮质处,用浸有生理盐水的温热纱布覆盖或滴几滴液体石蜡,以防止干燥。松解家兔的头部和四肢。

(3)绘制一张皮质轮廓图,以备记录用(图9-35-1)。

(4)观察刺激大脑皮质运动区引起的躯体运动:将银丝电极与电子刺激器相连,按图9-35-1所示,用适宜强度的连续脉冲逐点刺激皮质的不同区域(由前至后,由外至内),观察对侧肌肉的运动反应,并要做详细记录。刺激参数:波宽0.1~0.2 ms,强度10~20 V,频率20~100 Hz,每次刺激持续5~10 s,每次刺激后休息约1 min。

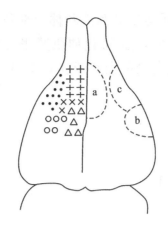

图 9-35-1　兔大脑皮质的刺激效应区

注:a,中央后区;b,脑岛区;c,下颌运动区。

○,头;·,下颌;△,前肢;＋,颜面肌和下颌;×,前肢和后肢。

【注意事项】

(1) 对家兔的麻醉要适度,不能过深,也不能过浅,否则影响刺激效果。

(2) 选择刺激参数要适中,强度不宜过大,频率不宜过高。

(3) 手术时勿损伤冠状窦与矢状窦,避免大出血。

(4) 因为刺激大脑皮质后,引起对侧肌肉收缩反应往往有一个较长的潜伏期。所以,每次刺激需持续 10 s 以上,方可以确定有无反应。

【分析与思考】

(1) 家兔大脑皮质运动区的定位与人有何不同?

(2) 大脑皮质运动区定位有何功能特征?

去大脑僵直

【实验目的】

观察去大脑僵直现象,验证中枢神经系统有关部位——脑干在调节肌紧张中的作用。

【实验原理】

中枢神经系统对伸肌的紧张性具有易化和抑制作用。正常时,通过这两种作用使骨骼肌保持适当的紧张度,以维持身体的正常姿势。若在动物的上、下丘之间横断脑干,使大脑皮质运动区和纹状体等部位与网状结构的功能联系中断,则抑制屈肌紧张的作用减弱,而易化伸肌紧张的作用相对增强。动物表现出头尾昂起、四肢伸直、脊柱挺硬的角弓反张现象,称为去大脑僵直。

【实验对象】

实验对象为家兔。

【实验器材及药品】

同大脑皮质运动区的定位。

【实验步骤】

1. 麻醉

同大脑皮质运动区的定位。

2. 颈部手术

将家兔取仰卧位固定于兔手术台上,剪去颈部的毛,沿颈部正中线切开皮肤,分离皮下组织及肌肉,暴露气管。在气管两侧分别找出两侧颈总动脉,分别穿线结扎,以防脑手术时出血过多。

3. 开颅

将家兔转为俯卧位并固定于兔手术台上。在大脑皮质运动区的定位实验的基础上,继续暴露另一侧大脑皮质。当骨创面达矢状缝时,用薄而钝的刀柄伸入矢状窦与颅骨内壁之间,将矢状窦与颅骨内壁附着处小心分离,将矢状窦的前、后各穿一条线并结扎,以防大出血。然后用咬骨钳咬去另一侧颅骨,扩大开口,直至暴露整个大脑皮质及其沟回。用小镊子提起硬脑膜,用眼科剪刀做"十"字形切开,将脑膜向四周翻开,暴露脑组织,并滴几滴液体石蜡,以防止脑表面干燥。

4. 横断脑干

松开动物四肢,左手将动物头托起,右手用手术刀柄从大脑两半球后缘轻轻向前拨开,露出四叠体(上丘较粗大,下丘较小)。在中脑的上、下丘之间,略向前倾斜,朝着颅底将脑干切断(图9-35-2)。可将棉球塞入切断处,以促进凝血,减少出血。

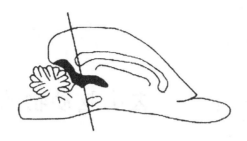

图 9-35-2　去大脑僵直实验的脑干切断线

5. 观察家兔状态

使动物侧卧,几分钟内可见动物的躯干和四肢慢慢变硬、伸直(前肢比后肢更明显),头后仰,尾后翘,呈角弓反张状态,这就是去大脑僵直的典型表现(图 9-35-3)。出现去大脑僵直现象后,在下丘稍后再次切断脑干,观察肌紧张变化。

6. 处死动物

实验结束后将动物处死。

图 9-35-3　去大脑僵直

【注意事项】

(1) 对家兔的麻醉要适度,不能过深,以免影响去大脑僵直现象的出现。

(2) 手术时勿损伤冠状窦与矢状窦,避免大出血。

(3) 横断脑干时手术刀柄一定要插到颅底,方向要准确。若切割部位太低,可损伤延髓呼吸中枢,引起呼吸停止;反之,横切部位过高则可能不出现去大脑僵直现象。

【分析与思考】

(1) 家兔产生去大脑僵直的机制是什么?

（2）α僵直和γ僵直有何不同？去大脑僵直属于哪种僵直？

（倪月秋）

项目三十六　去小脑动物的观察

【实验目的】

通过观察毁损小白鼠一侧小脑后肌紧张失调和平衡功能障碍现象,加深对小脑功能的理解。

【实验原理】

小脑是调节姿势和躯体运动的重要中枢,分为前庭小脑、脊髓小脑和皮层小脑。它接受来自运动器官、平衡器官和大脑皮质运动区的信息,发出传出信息,经丘脑至大脑皮质运动区,经红核、下橄榄核至小脑,或经红核、脑干网状结构到脊髓,组成复杂的反馈环路,对躯体运动做精细调节。小脑损伤后会发生躯体运动障碍,主要表现为身体失衡、肌张力增加或减退及共济失调。

【实验对象】

实验对象为小白鼠。

【实验器材及药品】

哺乳类动物手术器械一套,鼠手术台,大头针,棉球,纱布,200 mL 烧杯,乙醚,小镊子等。

【实验步骤】

1. 术前观察

麻醉之前,首先要注意观察小白鼠的姿势、肌张力以及运动的表现。

2. 麻醉

将小白鼠罩于烧杯内,放入一块浸有乙醚的棉球使其麻醉,待小白鼠的呼吸变为深慢且不再有随意活动时,将其取出,俯卧位固定于鼠手术台上。

3. 手术

破坏小白鼠的一侧小脑。剪除头顶部的毛,用左手将头部固定,沿正中线切开皮肤直达耳后部,用刀背向两侧剥离颈部肌肉及骨膜,暴露颅骨,透过颅骨可见到小脑。

4. 观察

用大头针垂直穿透一侧小脑顶尖骨(坐标点为人字缝下 1 mm,矢字缝旁 2 mm)(图 9-36-1),首先进行浅破坏,进针深度约 2 mm,刺破颅骨后立即取出针头用棉球压迫止血,待动物清醒后观察其姿势、肌紧张度、行走时有无不平衡等现象,以及动物是否向一侧旋转或翻滚。然后进行深破坏,进针深度约 3 mm,在小脑范围内左右搅动以破坏小脑,取出针头,用棉球压迫止血,待动物清醒后观察上述项目。

5. 处死

将实验用完的小白鼠拉断颈椎处死后弃之。

【注意事项】

(1)麻醉程度要适当,注意观察动物的呼吸变化,避免麻醉过深造成死亡,手术过程中如动物苏醒,可随时追加乙醚麻醉。

(2)捣毁小脑时不可刺入过深,以免伤及中脑、延髓或对侧小脑;也不能过浅,导致小脑未被损坏,反而成为刺激作用。

大头针垂直
进针处

图 9-36-1 破坏小白鼠小脑位置示意图

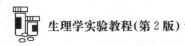

【分析与思考】

（1）一侧小脑损伤会导致动物躯体运动和站立姿势发生何种变化？为什么？

（2）小脑有哪些功能？

（倪月秋）

附　录

附表　常用实验动物的生理常数

指标	蛙	小白鼠	大白鼠	豚鼠	家兔	狗
体重/kg	0.03	0.02~0.025	0.18~0.25	0.5~0.9	1.5~3	6~15
心率/(次/分)	30~60	520~780	286~500	144~300	150~240	90~130
呼吸(次/分)	70~120	140~1210	110~150	80~130	50~100	12~28
血压/mmHg	20~60	100~104	100~130	70~80	80~130	60~120
体温/℃	变温	37~39	37.5~39.5	37.8~39.5	38.5~39.7	37.5~39.7
血量/(％体重)	4.2~4.9	7	7	5.8	5.4	5~8
血红蛋白/(g/L)	70~100	110~160	160	130	120	130~200
红细胞/($\times 10^{12}$/L)	4~6	7.7~12.5	7.2~9.6	4.5~7	4.5~7	4.5~8
白细胞/($\times 10^{9}$/L)	2.4	4~12	5~25	10	6~13	11.3~18.3
血小板/($\times 10^{10}$/L)	0.3~0.5	15.7~26	10~30	11.6	26~30	12.7~31.1
血糖/(mmol/L)	0.6~4.1	8.7~9.5	5.1~6.9	5.3~8.4	6.2~8.7	4.3~6.1
寿命/年	10	2~3	3~4	7	8	10

（李伟红）

参考文献

[1] 朱大年.生理学[M].7 版.北京:人民卫生出版社,2008.

[2] 王建红,古宏标.医学机能学实验[M].北京:中国医药科技出版社,2008.

[3] 高东明,金英.机能实验学教程[M].2 版.北京:科学出版社,2007.

[4] 郝刚,李效义.医学机能学实验教程[M].北京:北京大学医学出版社,2007.

[5] 胡维诚.医学机能学实验[M].北京:科学出版社,2007.

[6] 张连元,杨林.机能实验教程[M].北京:人民军医出版社,2007.

[7] 金春华.机能实验学[M].北京:科学出版社,2006.

[8] 田仁.生理学[M].西安:第四军医大学出版社,2006.

[9] 路源,况炜,张红.机能学实验教程[M].北京:科学出版社,2005.

[10] 李悦山,董伟华,梁仲培.机能实验学[M].北京:北京大学医学出版社,2005.

[11] 周吕,柯美云.神经胃肠病学与动力基础与临床[M].北京:科学出版社,2005.

[12] 王庭槐.生理学实验教程[M].北京:北京大学医学出版社,2004.

[13] 邹原,孙艺平.医学机能实验学[M].北京:科学出版社,2004.

[14] 田仁,高平蕊.生理学实验指导[M].北京:中国科学技术出

版社,2004.

[15] 施雪筠.生理学[M].北京:中国中医药出版社,2003.

[16] 朱思明.生理学实验指导[M].北京:人民卫生出版社,2000.